合 融
洽 通

良镛泉索

清华大学
风景园林学术成果集

Research and Practice in Landscape Architecture at
TSINGHUA University

清华大学建筑学院景观学系
Department of Landscape Architecture
School of Architecture
TSINGHUA University

U0300571

中国建筑工业出版社

目录

序壹

——吴良镛

　　清华大学风景园林学早在 1945 年梁思成提出创办建筑系的时候就有设想。1949 年，梁思成将建筑系改名为"营建学系"，并拟定了全面的教学计划。计划中明确提出要建立"造园学系"，并阐述了"造园学"的办学宗旨和课程设置，全文刊登在《文汇报》上，当时我在美国，有朋友专门寄给了我一份，印象非常深刻。1951 年，我留学回国在清华大学继续任教，当时正值讨论新中国北京规划建设，"梁陈方案"已经搁置，北京市建设局局长王明之组织了三个委员会支撑规划工作，分别是总图委员会、交通委员会和园林委员会。这三个委员会在当时都比较活跃，吸收了当时北京市各方专家代表，三个委员会我都有参加，其中园林委员会的专家除了我还有当时北京农业大学的汪菊渊、北京大学的刘鸿滨。这个委员会召开了几次大会后，大家都感到园林对于城市发展太重要，认为应该开办这个专业培养专门人才。一次会后，我和汪菊渊一拍即合，决定促成北京农业大学和清华大学合办一个园林专业。事后汪菊渊回到农大，仅几天时间就与学校谈成，我回到清华，向梁先生汇报了开办新专业的设想，经由梁先生与清华校委员会主任叶企孙沟通，也很快确定。两个学校共同成立的"园林组"很快得到落实，第一届学生是从北京农业大学园艺系三年级的学生中抽调了八人到清华进行专门学习，汪菊渊也搬到清华，在清华工字厅的一个小房间工作，清华给这些学生配备了专门的老师，还专门编写教材。1952 年院系调整我在建筑系主管教学，造园组教师阵容相当充实。

　　1953 年，正当一切顺利进行的时候，教育部发现苏联园林专业教学属于林学院，在全面学苏的当时，成为涉及有关"方向问题"的大事。教育部副部长韦悫、农大校长孙晓村、清华钱伟长还专门开会讨论，我和汪菊渊都参会，最后决定清华和农大合办继续，但是改回农大办。事后，农大老师回到本校，清华安排教师继续去农大开设建筑有关课程，也有一位清华老师自愿转入农大继续园林教学。后来经历"文革"，十年间学科发展停滞。"文革"后，我在 1978 年开始主管清华建筑系，当时非常希望再办风景园林专业，经历了辛苦的组建，还把第一届毕业学生朱钧珍调回清华任教，但最终由于各种原因没有建立起来。到 80 年代初，清华还有开办风景园林系的计划，期间专门派教师出国学习 Landscape Architecture 专业，回国之后也未能继续；1984 年，清华建筑学院成立，李道增院长期间，一度和宾夕法尼亚州立大学合作开展风景园林教学，该校教授来清华讲了一些课，但也未能成立系。直到秦佑国任建筑学院院长，清华大学终于在几经坎坷之后成立了景观学系，有了更广阔的平台。回想这些年曲折的发展，根本原因还是对这个专业不够重视，不够理解。

　　尽管这个系的成立几经坎坷，但 60 多年来，清华大学风景园林的教学和科研工作都一直在开展，不同阶段还奠定了不同的学科基础。初创阶段：我受上世纪初美国专业设置的影响，在美国旧金山海湾的参观以及与风景园林学家的接触都让我深刻感受到城市美化运动、国家公园运动对城市建设的巨大作用，回国后又恰逢园艺学家汪菊渊的专业兴趣从植物、花卉转向了风景园林与城市建设，所以我们最初把农大的植物优势和清华的建筑优势结合在了一起，奠定了这一专业多学科的基础；1953 年到 2003 年：清华大学有关中国园林和风景名胜区的研究一直在开展，周维权、冯钟平主持了颐和园的研究、中国园林建筑研究，朱畅中、朱自煊在黄山开拓了风景名胜区规划，周维权出版了《中国古典园林史》，构建了中国古典园林发展的历史脉络，奠定了中国古典园林研究的重要基础；2003 年至 2006 年：清华大学邀请劳瑞·欧林（Laurie D. Olin）为清华大学讲席教授，并任系主任，他率领的"欧林讲席教授组"把西方风景园林教育全面引入清华，促进了清华与国际学科前沿的接轨，补充了清华大学风景园林学的西学基础。2007年之后，杨锐系主任带领的景观学系综合以往三个基础，在理论与实践探索方面有了进一步的融合与展拓，风景园林学发展蒸蒸日上。

今年是清华大学风景园林学教育开创62周年，第一届毕业生毕业60周年，景观学系成立10周年。党的十八大已经确立了政治、经济、社会、文化、生态五位一体的建设道路，"生态文明"建设被提到前所未有的高度，国家发展已经进入了新的历史阶段。今天的风景园林学在集成和发展中西方科学、人文、艺术的基础上，将对缓解生态危机、重整山河、再造"形胜"、建设美丽中国、实现中华文化的伟大复兴产生极其重要的作用，风景园林事业及其科学发展进入到一个方兴未艾的伟大时代！

吴良镛

序贰

十亿 —— 在清华大学建筑学院景观系成立 10 周年之际的反思

—劳瑞·欧林

　　马可波罗将他在中国旅行的经历命名为 Millione，在意大利语中的意思是百万。这对于他那些处于欧洲文艺复兴时期的读者们，是一个巨大的数量，无论是指中国的人口、地区、城市或者历史。如果他今天再去中国，也许会不得不将他的游记命名为十亿或者万亿，来定义中国的范围与特征，中国的民族与人民，中国人创造的令人瞩目的成就，以及他们的城市、活动、事件和问题。

　　众所周知，中国是世界上人口最稠密的大国，有着悠久的历史，在艺术、文学、科学、哲学、农业、城市发展、技术、政治和国际关系方面都有着举世瞩目的成就。几千年来，人们在这片广阔、多样的土地上生活和劳作，在某些时期与其他区域文化相融合，其他时期则是隔离的。19、20 世纪给中国带来了巨大的变化和破坏，常常是剧烈的动荡与不幸，但是这种变化却将中国推向了一个新的时期，就目前而言，中国已成为世界舞台上一个重要的经济、科技、政治、文化力量。在过去一个世纪的变化过程中，亿万人民的物质和社会生活得到了改善，从一种辛苦劳作的农业生产生活状态转变为城市工作生活状态。而与此同时，其他地区的人民，特别是西欧和北美地区，早已经历了从古代农业社会到工业社会的转变，这种转变同样伴随着巨大的破坏和社会动荡，但这些变化是在较小的地区经历很长的时间完成的。而中国曾经（现在仍然）经历的则是在世界历史上规模空前的一个更为快速的发展时期。

　　在西方，这种转变曾经带来对自然环境、历史景观与城市的破坏，而这种情况还将持续。并且由于财富与福利的悬殊，这还会带来巨大的社会动荡。这一状况部分由资本主义自由经济体系所导致，部分则归因于政府和政治组织的许多实验性措施。虽然西方的社会组织、机构、产业等曾带来显而易见的巨大效益，在过去的 200 年间也的确为美国和欧洲带来了创造力与活力，但毫无疑问它们也造成了许多的问题。如战争、贫困、犯罪、污染与疾病等都持续存在着。一些著名大学在持久地研究这些问题，并且输送优秀的青年人进入社会，采取规划、设计、法律、科学和技术等手段，设法通过政府和私人部门去解决这些问题。作为这些努力的成果，一些卓越的公园系统被建立起来，伟大的建筑和城市空间也得以建成，广阔的荒野和栖息地得到保护，产业发展受到调控，空气和水的质量也得以改善，这使得数以百万计的人的健康和生命得到保障。然而，西方社会依然挣扎在多重问题当中，如财富和住房分配的不平等、环境污染和各种有毒物质的普遍存在、能源的消耗和浪费、湿地的丧失、水源地及必需的清洁水的减少，以及清洁能源、二氧化碳排放、气候变化（一个用于描述全球变暖问题效应的更有用也更准确的词汇）、海平面上升等问题。

　　在了解这些后，中国的现状似乎对我来讲具有了挑战性和危机感，更重要的是我对此很感兴趣。2002 年，我协助世界文化遗产基金会（World Monument Fund）修复清乾隆皇帝退位后在紫禁城西北角兴建的花园。借助这个项目，我开始研究北京，参观了清华大学及其建筑学院，会见了那里的一些老师和北京市城市规划设计研究院的官员。他们的雄心、学识，对其环境与城市问题的坦率评价，以及人口状况等棘手问题，都给我留下了深刻的印象。这年之后，在 2003 年的春天，托尼·阿特金（Tony Atkin）教授和我带领着宾夕法尼亚大学建筑和景观专业的研究生来到北京，参加一个联合规划设计课。一天晚上，秦院长和其他老师带着我和阿特金教授到颐和园内吃晚饭。那是一个美妙的月夜，在某一时刻秦院长转身问我是否愿意帮助，特别是帮助他在清华大学创建一所面向研究生层面的景观学系。这个问题最初对我来说有些好笑。我能够怎样帮助？我不会说中文，甚至连一个符号都不认识，更不用说读懂一篇专业论文或者学生作业。我立刻打消了这个念头。秦院长接着解释说宾夕法尼亚大学两个著名的毕业生——梁思成和他的妻子很大程度上开启了清华大学建筑和规划专业的建设。他们和一批19世纪30年代曾就读于宾大的中国学者和设计师们一起，回到中国后建立了现代意义上的建筑、规划、建筑历史的研究。新中国成立以后，他们为国家和北京做了相当多的规划，并设计了中国的国徽。以他们的设想为蓝本，秦院长希望参照哈佛大学和宾夕法尼亚大学的模式，设立三个系：建筑、规划和景观。在梁先生的努力下，前两个系（即建筑学和城市规划）得以建成，但由于各种原因，景观专业的建设被迫中断。像许多艺术和人文科学方面的知识分子一样，梁先生也遭到红卫兵的指责。作为一个老人，疾病、衰老和死亡，使得他没能实现建立这样一所学院的理想。秦院长决心完成梁先生的愿望，他认为宾夕法尼亚大学、哈佛大学、加利福尼亚大学伯克利分校和其他美国大学建筑学院三个专业的模式是必不可少的。他敦促我思考这件事对于中国和中国大学教育的重要意义。

后来，我回到美国，开始考虑这件事。景观学这个领域在美国和欧洲过去的100年间不断发展，专门解决有关人类自身健康福祉及其生存环境改善方面的种种问题。但这一领域有时又会复杂散乱、宽泛得有些不合理。比如这个领域试图去制定面向区域生态环境与资源管理方面的规划，在城市和地区规划方面又涉及公园与校园，包括交通和自然系统的城市基础设施，以及大型与小型花园。美国和欧洲的现代城市规划和城市设计学术和职业领域皆发端并成长自景观专业。但由于规划已经越来越多的涉及公共政策、经济与社会模式中，而越来越少从事物质空间层面的规划设计，这使得美国景观学在大规模资源管理和公园规划层面取得了巨大的跨越式发展。这也就再一次将大量关注的焦点转向城市和城市环境，其中一些方面被称之为景观都市主义（Landscape Urbanism）或者城市生态景观（Urban Ecological Landscape）。这一部分是GIS技术和其他数字化制图程序方法发展的结果，这些领域于十几年前开始发展，现在得到了广泛的传播和应用。在某种程度上与此相对应的事实是，近几十年来，所有的建筑师、工程师、经济学家和规划者们在世界各地正处于发展之中的城市从事规划、设计和建造活动，而由此产生的环境却缺乏质量的保障，事实上环境往往变得更不健康，更低效，危险，不利于居住、工作和生活。

关于这一点，我想起我们宾夕法尼亚大学小小的景观系在伊恩·麦克哈格（Ian McHarg）的领导下，为美国做出了巨大的贡献。他的著作《设计结合自然》、他的一代代学生不知疲惫地工作、他所建立起来的会议及私人关系，连同一个更广泛的环保运动，影响着政府在地方和国家层面上的政策。以水管理方面为例，包括水资源的获得、净化、蓄存和再利用等方面的一些工作，都奠定了现行标准的基础。另外，从发展、保护和保存角度，他也影响了政府土地利用和生态规划方面的政策。我在宾大三十多年的执教生涯已经培养了一大批毕业生，这些学生遍布全世界，有的在政府和私人企业从事开发、规划、设计等方面的工作，还有一部分人在分布于全球的许多高校中担任教师。然后，我想到中国正急速地迈向市场经济，这种如火如荼的建设热潮、混乱的现状，我在北京和上海都曾目睹——混乱的交通、污染的天空与河流、连片的房屋建造在不适宜且难以利用的土地上。我从空中飞过时，可以看到这些建成区与大片山脉、森林、农业区相连，不禁要问——究竟我们该如何来帮助中国？中国目前花费如此巨大的能源与力量去复制一种对西方而言最令人失望且最具破坏性的历史发展过程，这种状况究竟该如何被扭转？一个可能的答案或许是协助创建一个景观学系，这个系不用很大，但却是思路清晰且富有智慧的。它能够深入研究现状，并且训练新一代专业领导人才，以帮助政府机构和开发商、企业家与政治家、建筑师和规划师等向着更可持续、更人性化、更生态和更经济的工作方式和效果转变，当然这将是一个长期的过程。在我看来，这将比每年输送一批聪明的年轻中国研究生出国来学习我们（通常是错的）的习惯和方法更可取，因为后者对于解决这个国家的问题而言，并非对症下药，且杯水车薪。也许在清华，人们同样可以分享美国高校主流的技术、科学与方法，也可以持一种生态学的观点看待管理和土地伦理，而不带那些贪婪的房地产开发和管理实践所背上的包袱。

我带着宾大的学生回到北京，在合作一个项目时与清华的老师们有了更深一步的探讨。我认为这里有许多杰出的人，包括学生、老师、政府官员，但在政治和经济方面我们仍然面临着一个困难的局面。已有不少学校开始授予以景观学命名的不同品质和性质的学位，但这些似乎都是按照欧美本科学校的模式，或者着重于场地设计或者着重于准科学的规划或修复。他们的毕业生所做的工作在很大程度上是服务于正统的规划师和政府人员，或不能做大尺度场地设计的建筑师，其结果是造成了更多相同的环境贫乏的蔓延式混乱，这种情况从这个国家的每座城市的历史中心向外扩散。我断定，帮助清华创建景观系是一件值得尝试的事情。这件事不同于往常，将挑战现状，却又是安静平和且很具专业性的，训练出一批有着理想主义精神又训练有素的景观设计师，这些人可以清醒地看到自己国家的问题，并寻求一种新的、更好的可代替方式来塑造现有政策，他们可以规划和设计任何一种尺度的景观，从自然地理区域和流域，到城市地区和社区，再到国家或城市公园与花园。

我接受了秦院长让我做系主任的邀请，前提是我每个学期可以访问或在此居住一段时间。鉴于我在宾大的责任、我的办公室和家庭，全职在中国工作对我来说是不现实的。2003 年的秋天我开始着手协助创建景观系。令我感到十分幸运的是，一个才华横溢的年轻教授——杨锐负责协助我。有几项紧急的任务需要我们立即去做：写一个课程计划，建立一个教师团队，招收一批学生。我们两个经常在学校附近的咖啡馆讨论研究工作的细节，其中一个我没有过多考虑的问题是，我们需要办公空间：办公室、教室和报告厅，那时我们在学校甚至没有一间房间用来开会。我对中国以及中国大学的经济情况知之甚少，因此后来发生的事情对我来说是惊人且偶然的。杨教授在建筑馆较高层的部分发现了一个部分废弃的空间，并设法说服院领导给予我们使用，接下来他开始设计办公室、会议室和一个很大的工作空间，并找到人和材料开始装修，当时需要有砖瓦工、电工、水暖工和抹灰工。我们并没有拿到用于装修建筑的资金，因此当我问我们如何支付这些开支时，他愉快地告诉我这是用他一部分的研究基金支付的，而且这是行得通的，因为他会把他的研究团队带到这里一段时间。从这儿，我开始明白在当时的中国如何把事情做成。我了解到学院的这套制度是由教授和政府官员共同创建的，在近年的市场经济和商业化阶段到来之前，全中国都是如此。而在西方，大量诸如此类的工作通常是由私人公司和专业公司完成的。所有的中国老师过去（我相信现在也是如此）都在各种各样的研究院中做他们的研究工作或者专业性创造工作，更重要的是这可以补贴他们常常很微薄的大学工资。最终，我们有了一个崭新、优雅的办公室，对于我们的事业起航绰绰有余。

在学习一些课程之后，所有在校的研究生必须按要求去选一系列基础但十分重要的课程，覆盖了某些关键性的生态和技术内容，这些课程我认为是景观专业研究生必须学习的最低标准。有一个课程我没有找到令人满意的解决方案，就是历史。我觉得，任何一个学生进入这个课程体系之前都需要对历史已有一些了解，或许是建筑、艺术或民族历史。但我认为，他们若还能了解关于景观及其设计和规划方面的历史，就更为重要了。这部历史，是处理人与居住地、农业、都市生活、公园和花园的历史。在某种程度上是生态史（人类与自然的历史）。我还认为其范围应该包括印度、泰国、柬埔寨、老挝、印尼、越南、韩国、日本以及中国。我不知道该如何找到一个或几个人来教授这样的课程，但我认为具有开创性的工作是，应建立一个能使下一代学者和实践者走上对中国和亚洲都有益的道路的广泛视角，并且允许他们发展出自己在景观规划和设计方面的独到见解和做法，这些见解和做法区别于西方景观规划学科的发展轨迹，并可能避免出现我们出现过的错误和问题（部分是因为社会、国家和土地的差异而产生的不同历史观与哲学观）。一个学期之后，我觉得他们可以上一个学期的西方景观史，包括常规的讲述——从埃及、古典主义遗迹，穿过文艺复兴、启蒙运动到现代主义的崛起。这门课除了可以展示生态规划的伟大作品及其历史演变，也可以诚实地展现西方一些失败的景观政策，以及对解决全球污染、温室效应、气候变化所应承担的责任。

在这里，我们发现从事其他领域课题研究的教师们总是有一点神秘感。教师团队中有一些非凡的人士，其中有一些曾经是景观设计师、建筑师、城市设计师、规划师，但是有相当的老师即将退休或已经退休，或者还在建筑系全负荷地上课，或者在某个规划设计院从事重要的项目工作。一个是备受敬仰的吴良镛教授，中国最杰出的建筑师／规划师，也是一位天才艺术家。另一个是孙教授，建筑师／景观设计师，教授基本的设计和场地规划。他们都曾游历欧洲和亚洲，在美国学习，也都曾忙于专业的实践项目。张杰教授曾给予建议、支持、鼓励和帮助，但他也忙于自己的研究、教学和咨询工作。杨锐教授介绍给我两个年轻的、富有才华并充满活力的老师——胡洁和朱育帆，他们正在从事一些教学工作。他们都拥有学位并且也是职业景观设计师，在规划设计单位积极从事实践，但在不同设计尺度有着不同的兴趣点。朱育帆对历史持深厚的兴趣，包括西方和东方园林史，尤其关注诗意的园林和其建造工艺，及其含义与创作等方面；胡洁则是更大尺度的城市设计、公园和基础设施，他曾帮助美国著名的设计公司佐佐木联合公司（Sasaki Associates）赢得了一个大型公园的设计，该公园是位于北京北部的奥运会场的一部分。还有杨锐教授，建筑学院有史以来最年轻的正教授，他有着巨大的能量、出色的才华和智慧，接受过良好的教育，曾在国外旅行和学习，有着广泛的专业咨询实践工作经验，包括这个国家丰富多样的城市和巨大而敏感的生态区域。他有着出色的能力，在不同层面政府和大学之间建立了一个网络，使信息沟通更加通畅，这也具有改善政治管理的好处。这里有三个理想的青年教师，如果系里能帮助给他们足够的时间。但即使这样，他们三个再加上定期访问的我，也无法组建一个全面的系，特别是在撰写专业性材料、保证足够数量的班级与讲课，以及设计课评图时，都需要更多的人。

所以，我决定从国外，例如美国引进一些人，和这些人达成协议，每个学期过来一段时间，为我们当时正在为第一届研究生进行的准备提供帮助，如果其中一两个人足够好可以留下来作为青年教师，从而逐渐发展成为一批有着同样的愿景、价值观、专业和学术能力的核心骨干。我确信，在某种程度上，这个想法已经并且正在成为现实。但我的一个重大失败，就是学院反对我关于历史的想法。回想起来，我对于设立历史课程的愿望可以将中国放置到一个包含各种想法和事件的更广阔的背景之中，通过亚洲不同的人群、文化、哲学和建成环境，了解到是否有一种来源不同的规划和设计模型，可以帮助应对现代化增长或者避免西方一些不良事件的发生，实现不同或者更好的增长。

除了这件事，景观系的申请被批准，组建了一个骨干教师团队，在一个夏天的入学申请和考试之后，杨锐教授和其他清华老师选出了第一届的学生。我肯定在中国会有一些人会成为我们教师的理想人选，但我和杨锐那时都不认识他们。所以，我呼吁一些大学和我在美国的朋友开始帮我们搜索。生态学方面，我请了哈佛大学的理查德·佛曼（Richard T.T. Forman）教授。理查德在第一年不能马上过来，他过去、现在都是美国最主要的景观生态学家，我曾于80年代早期邀请他到哈佛任教。所以第一年，杨锐和我试图借助各种教科书、来自北大一位生态学教授的一系列讲座及他的一位博士生的帮助，设法教授景观生态学的基本原理。第二年福尔曼和他的妻子一同来了，第三年我从俄勒冈州请到了巴特·约翰逊（Bart Johnson），他同福尔曼的门生——克里斯蒂娜·希尔（Kristina Hill）一同出版了一本非常好的关于生态和景观规划设计的书。他们密集而激动人心的讲座，鼓舞几个年轻的博士生转了系，因为他们非常认可我们力图使景观规划师和设计师们获得生态学方面的坚定信念和坚实知识基础的理念。

对于景观规划方面，为了补充杨锐教授的工作，我邀请了位于奥斯汀的得克萨斯大学建筑学院院长弗雷德里克·斯坦纳（Frederick Steiner）。斯坦纳毕业于宾大景观与区域规划系，在他作为伊恩·麦克哈格的学生时我就认识他了，那时我还是个年轻的助理教授。他写了很多书，组织了不少会议，多年来在美国和欧洲做景观方面的教育与咨询，因此他是个完美的人选。我将他来中国的希望寄托在他高度的求知欲和对景观的热情上，这个希望最终实现了，他充满热情地来清华多次，在景观系里教了很长一段时间课，无论从专业还是私交方面都奠定了持久的联系。

对于场地尺度的设计和工程方面，以及我们感兴趣的文化和艺术领域，我认为需要为胡洁和朱育帆提供一些支持，他们当时已经在超负荷地工作了。我邀请了罗纳德·亨德森，我从前的一位学生，他作为职业设计师曾短暂地为我工作过一段时间，之后他顺利地在罗得岛设计学院（Rhode Island School of Design）和罗杰·威廉姆斯大学（Roger Williams University）开始教学。虽然他很忙，在普罗维登斯·罗得岛（Providence Rhode Island）开设了一个小事务所，虽很小但获奖。我在知道他的才华和他早期在亚洲的经历后，我相信如果我邀请他，他会很高兴来到清华。亨德森教授不仅接受了我的邀请，而且在这里蓬勃发展，他与胡洁一起工作、教学，完成了许多重要的专业项目并且赢得奖项，他同样专注于自己的研究，最近他在宾大出版社出版了一本精美而简洁的苏州园林指南。

因为我只能在清华待一段时间，当我不在时可能需要其他人保持这种热情继续工作。另外，从政治层面，我发现我对历史的观点不能被学院接收，我还发现对设计课的重视程度远不及我的期望。一个解决方案是，尽量使列入学生课程的设计课题目更紧凑、更生动有趣、讲解效果更好，且更引入入胜。要做到这一点，需要使这些杰出的实践家与课题题目之间有一个稳定的轮回关系。除了亨德森和斯坦纳，我还邀请了一位有才华的建筑师／景观师／规划师／设计师——科林·富兰克林（Colin Franklin），协助设计课教学并做专题讲座。富兰克林，受训于英国的建筑师，曾在宾大景观系学习，在华莱士（Wallace）、麦克哈格（McHarg）、罗伯茨（Roberts）和托德（Todd）手下工作了很长时间，完成了许多重要项目。他的妻子卡洛琳（Carol），曾和我同事8年，是安德鲁伯根（Andropogon）公司的创始人，这个公司迅速发展成世界上首屈一指的生态规划和设计公司。他在艺术上的天赋与精湛的专业技艺，以及他对亚洲的兴趣，使我相信他会成为一名优秀的教师，这一点现在已经得到证实。

在我担任系主任的第一年，我对学校、学生、老师们和管理人员发表演讲，内容如下：

"景观同建筑一样是为了满足多方面的需求，它是一种技术和实用艺术。就像建筑也是一种艺术，景观学的伟大之处在于其包括了建筑和自然环境的所有元素。超越对于实用的需求而将美带到我们的生活。超过几个世纪而产生的文化景观，则位于最伟大的文明创造之列。

……

中国的需求是巨大的。一个有着14亿人口的国家不能将创造宜居环境的需求仅通过选送少量留学生到国外或者几个本科专业来满足。几乎每个城市的每条河流都遭受了不必要的污染，与住宅区接壤的数千公顷的土地被废弃，既不实用也不美观。然而通过设计，这一切是可以改变的。这一代的学生和中国的大学都渴望改善这一状况，通过教育这是可行的。中国必须以自己的方式培养自己的景观师。在这激动人心的时刻，清华可以设定方向。

众所周知，美国的环境政策有许多问题。我们大部分的农村和城市是非凡的、健康的、多产且美观的。不同于建筑和道路，景观需要花费数年的时间来营造和培育。这是好的现象。中国正在进行自我重建和转变，切不可盲目地从其他地方复制发展模式和流程，而是应该仔细思考什么是对中国最有利的。这个国家有机会选择他希望构建的世界。

我在中国的亲身体验是新近而短暂的，但我从童年时期和中国就是朋友。我追随着你在"二战"中的抗争，跟随你不断学习。因为这是一个伟大的国家，她的艺术和环境观可以追溯到几千年以前。今天中国可能是世界上最有活力的国家，有着许多的可能。我很荣幸被邀请到清华大学景观系。我盼望着与你们的教师、学生和人民一起工作。"

三年来每次持续数周往返于费城与北京之间，在两个学校担任主要的教学工作，在高度紧张的欧美开展专业化的工作，使我非常疲惫。虽然我热爱我的学生和我在中国的同事，但我决定不再继续下去。当时的景观系已经建设得相对完善，尽管财政还是一个问题但这个问题无处不在。一个学校、系和专业只有不断引进人才能保持良好。这是一个古老的格言，一个人应该总是去聘请比自己更聪明的人。在这一点上我很幸运。

在中国我有着许多美好的回忆。一些成长的经历始终激励着我：例如一天下午，杨锐教授带着我和理查德·福尔曼夫妇坐在一段空旷的长城上；带我们的学生到北京西山上参观埋葬成吉思汗女儿的寺庙，在那里我们看到了七叶树，这棵树已经800岁了，旁边的银杏树已经超过900年的树龄，在后海享用晚餐，在月色下看着船和浮动的烛光；让学生测量老胡同，了解居民们在公共空间中社会化的过程；晚上和学生们在工作室里，一边喝着啤酒吃着野餐一边观看关于自然和设计的影片；进入教室希望能看到8个注册的学生却发现有40个从其他院系和学校来专程学习的学生；以及我们一起做梦、工作和欢笑的时光。每当我试图解决所有的工作问题和需要时，不知怎地，总是被杨锐教授解决了，我常常想他应是真正的系主任，而我只是他的顾问和朋友。

祝贺景观系成立10周年！

Billion: Reflections upon the 10th Anniversary of the Department of Landscape Architecture, Tsinghua University, Beijing, China

Marco Polo entitled his account of his travel and experiences in China Millione. In Italian it means thousands, and to his readers in Renaissance Europe it suggested a vast quantity, whether of humans or regions, cities, and experiences. If he went today he would have to change the title to Billione or Trillion to evoke the nature and extent of China, the nation, its people, their remarkable achievements, their cities, activities, issues and problems.

Everyone knows that China is the most populous large country in the world and that it has a long history of great accomplishment in art, literature, science, philosophy, agriculture, urban development, technology, national politics, and international relations. For many thousands of years people have lived and worked in the vast and varied terrain of this portion of the earth, in some periods engaged with other regions and cultures and at other times isolated. The 19th and 20th centuries brought enormous change and disruption, often violent and unfortunate, but change that has for the moment brought China back onto the world stage as a major economic, technological, political, and cultural force. In the course of the changes of the past century hundreds of millions of people have had their physical and social lives improved from a condition of agricultural servitude to one of urban life and work. While other portions of the world's population, primarily in the Western Europe and North America, have previously undergone a transformation from ancient agricultural societies to urban industrial ones, also with considerable disruption and social turmoil, such changes took place in smaller territories and occurred over longer periods of time. In China it has been (and still is) occurring in a much more accelerated period and at a scale unprecedented in world history.

In the West this transformation was and continues to be disruptive of natural environments, historic landscapes and cities, and has generated considerable social turmoil due to disparities in wealth and amenities. In part this is due directly to the capitalist free enterprise economic system, and in part due to numerous experiments in governance and political organization. For all the enormous obvious benefits of the institutions, industries, and organization of western societies, for all of the unquestionable creativity and energy present in America and Europe over the past two hundred years, there is no question that there are serious problems as well. Wars, poverty, crime, pollution and ill health persist. The great universities have continued to study these problems and to send brilliant young people out into the world to grapple with these issues through planning, design, law, science, and technology both in government and in the private sector. As a result remarkable park systems have been created, great architecture and urban spaces built, vast tracts of wilderness and habitat have been protected and preserved, industries have been regulated, air and water quality standards have been improved, and the health and lives of millions have been improved. Yet still, the West struggles with issues of inequities in wealth and housing, pollution and contamination, of energy consumption and waste, of loss of wetlands and diminished sources and needed volumes of clean water, of clean energy, emissions, climate change - a more useful and accurate term for the effect of global warming -- and sea level rise.

It was knowing all of this that the situation of China seemed to me as challenging and critical as it was interesting when I first came to assist the World Monument Fund in their work on the restoration of the private retirement garden of the Qiang Leong Emperor in the northwest quarter of the Forbidden City in 2002. While working on this project I began to explore Beijing, visited Tsinghua and its Architecture School, and met several faculty members and officials in the Beijing Municipal, Institute for City Planning & Design. I was impressed by their ambition, knowledge and candid assessment of the daunting problems facing the nation regarding its environment and cities, and therefore the situation of the populace. Also later that year, in the spring of 2004, Professor Tony Atkin and I brought graduate architecture and landscape architecture students from the University of Pennsylvania to Beijing for a joint planning and design studio. One evening Dean Qin and several other faculty members took Professor Atkin and I out to dinner within the Summer Palace. It was a lovely moonlit night, and at one point the Dean turned and asked if I would help -- specifically I would help him to start a graduate level Department of Landscape Architeture at Tsinghua University. It seemed ridiculous to me at first. How could I possibly help? I didn't even speak the language and couldn't read a sign, let alone a professional paper or a student essay. I dismissed the idea. Qin then went on to explain how two famous graduates of the University of Pennsylvania, Leong Siachong and his wife had largely started Tsinghua's School of Architecture and Planning. They had been part of a group of Chinese scholars and designers who had attended Penn in the 1930s, had returned to China, and had helped to establish the modern fields of architecture, planning, as well as architectural history and research. After World War II and the Communist Revolution, he had done considerable planning for the nation and the City of Beijing, as well as creating the design for China's national emblem. Part of his plan, according to Dean Qin was to produce a school modeled upon those of Harvard and the University of Pennsylvania that had three key departments: Architeture, Planning, and Landscape Architecture. He managed to get the first two in place, but for several reasons, landscape architecture was prevented from being established. Like many intellectuals and those in the arts and humanities, he was denounced by the Red Guard, and as an elderly person when he became ill, declined and died without completing his ambition for the school. Dean Qin was determined to do so, and felt that the model of Penn, Harvard, Berkeley and other American Universities was essential. He urged me to consider how important this would be for China and the School.

Later, back in America I began to reflect upon the situation. Landscape Architecture is a field that has developed in the past 100 years in America and then in Europe that specifically addresses many of the issues regarding planning for health and well being of both people and their environment. It is a messy and at times unsuitably broad field that attempts to plan for regional ecological and resource management as well as for urban and district plans for cities down to parks and campuses, infrastructure that engages transportation and natural systems, to gardens large and small. In both America and Europe the modern academic and professional fields of City Planning and Urban Design both began and grew out of Landscape Architecture. As Planning has become more and more involved in public policy and economic and social modeling and less engaged in physical planning the field of Landscape Architecture in America having made enormous strides in large scale resource management and park planning, once again, has turned a significant amount of focus and attention upon cities and the urban situation, some aspects of which have come to be referred to as Landscape Urbanism, or Urban Ecological Landscape. In part this has been a result of the development of GIS and other digital mapping processes that occurred within the field several decades ago and is now widely disseminated and used by others as well. In part it is a response to the fact that for all the architects, engineers, economists, and planners that have been engaged in recent decades in the planning, design and production of the majority of the growth of cities around the world, the resulting environments have been deficient in quality, and in fact have often become unhealthy, inefficient, dangerous and undesirable places in which to live, work and have families.

I thought about this and about how our small department of Landscape Architecture at the University of Pennsylvania had made an enormous contribution to America under the leadership of Ian McHarg. His book Design With Nature, and the tireless work of a generation of his students, conferences and personal connections, in conjunction with a broader environmental movement, influenced government policy at both the local and national level regarding water and its management: the capture, cleansing, detention and reuse of water that is now standard; as well as land use and ecological planning for development, conservation, and preservation. I thought about how in my 30 plus years at Penn we had sent a generation of graduates out all over the country and world who had taken positions in government and private practice, in development, planning and design, as well as supplying teachers for colleges and Universities around the globe. And then I thought about China's headlong rush toward a market economy, its rampant construction boom, and the mess I'd seen in Shanghai and Beijing – the traffic tangles, the polluted skies and rivers, the miles of housing standing in unsuitable and unusable land, in conjunction with the vast terrain of mountains, forests, and agriculture as one flies over it – and how on earth it could be helped. How such energy and momentum to copy all the most disappointing and destructive aspects of Western history could be redirected. One possible answer might be to help create a Department of Landscape Architeture that was not large but nimble and intelligent, a place that could study the situation and train a generation of leaders that would be able to redirect agencies and developers, corporations and politicians, architects and planners toward methods and results that are more sustainable and humane, more ecological and economical – in the long term, not short term. It seemed to me that it would be preferable that rather than sending a cohort of bright young Chinese graduate students abroad each year to learn our (often bad) habits and methods was inadequate and inappropriate to the problems of the nation. Possibly at Tsinghua one might share as much technology, science and methods prevalent in the better schools in America, along with an ecological and point of view that leads to stewardship and a land ethic, without the unfortunate baggage of our rapacious real estate and development management practices.

I returned to Beijing with students from the University of Pennsylvania and while working on a studio project with them had further discussions with faculty members. I concluded that there were a number of wonderful people – students, faculty, government officials – and that it was a difficult situation in terms of politics, and economics. A number of Universities had begun offering degrees of varying quality and nature under the heading of landscape architecture, but all seemed to be in the mold of European or American undergraduate schools with an emphasis either upon site design or quasi-scientific planning and restoration. The work that their graduates were doing was largely in service of preordained plans by orthodox planners and politicians or architects who shouldn't be doing large site planning, with the results being more of the same environmentally poor sprawling mess that had been spreading out from the historic center of all the cities in the country. I concluded that it would be worth trying to help Tsinghua create a department that would be different from business as usual, one that would challenge the status quo, but quietly and professionally, producing a group of idealistic and well trained landscape architects who could see the problems of their country clearly and would seek to find new, and better alternative ways to shape policy, and to plan and design landscape at any of several scales, from physiographic regions and watersheds, to urban districts and communities, to national and urban parks and gardens.

I accepted Dean Qin's offer of the Chairmanship on the basis that I would visit and be in residence for periods of time each semester for a number of years, as it was impossible for me to move to China full time due to obligations at the University of Pennsylvania, my office and with my family. In the fall of 1974 I set about attempting to help create the Department. In what was something of a miracle a brilliant young professor, Yang Rui, was assigned the task of assisting me. There were several pressing tasks that I knew we needed to do: write a curriculum; find a faculty; and recruit some students. The two of us met frequently in one or another of several coffee houses near campus to discuss and work out the details, one of which I hadn't thought much about was that we needed space for the department: for offices, for classrooms, and lectures. For the moment we didn't even have a room to meet at the University. I knew nothing about Chinese economics or those of the University. What happened was both astonishing to me and fortuitous. Professor Yang found an abandoned portion of an upper floor in the Architecture building, managed to persuade the Administration into giving it to us, and then he proceeded to prepare a design for offices, a conference space and a large work space, and find the men and materials to build it, which required masonry, walls, electrical work, some heating and painting. When I inquired how we were paying for it as the budget I'd received had no funds for architectural renovation. In his most cheerful manner he explained that he'd paid for it with a portion of the operating funds from one of his research funds, and that it was OK, as he would put part of his research team there for a time. It was the beginning of my education about how things were done at the time in China. I learned about the system of institutes set up by faculty and government officials throughout the country prior to more recent commercial market developments to do much of the sort of work that is generally done by private companies and professional firms in the West. All of the faculty were, and I am sure still are, working extensively in various institutes they'd invented to do their research or professional creative work, and importantly to supplement their University salaries, which were often quite small. The result was a fresh and handsome office, ample for our beginning.

After learning about several courses that all graduate students in the school were required to take I proposed a sequence of classes that would cover some of the fundamental ecological and technical topics that I believed to be the minimum any graduate in landscape architecture should study. The one subject that I didn't reach a satisfactory solution for was that of History. Any student coming into the program would have had some history I felt, probably architectural, art, or national history. I felt it was important that they also have a history of landscape and its design and planning, one that dealt with settlement, agriculture, urbanism and parks and gardens. It should be to some degree as well an ecological history (human as well as nstural0. I also felt that it should include India, Thailand, Cambodia, Laos, Indonesia, Vietnam, Korea, and Japan as well as China. I had no idea where to find someone or even several individuals to teach such a course but I thought it would be revolutionary and help to establish a broad perspective that could ground the next generation of scholars and practitioners in a way more helpful for China and Asia, and might allow them to develop their own vision for landscape planning and design that could take a different trajectory from that of the west and might avoid some of our mistakes and problems, in part because of different historical and philosophical attitudes toward society, nature and land. After a semester of this I felt that they could then have a semester of Western landscape history that would include the usual narrative from Egypt and classical antiquity through the Renaissance to the enlightenment and the rise of modernism, and which in addition to presenting great works and the evolution of ecological planning would honestly present the serious failures of western landscape policies, practices, and values, not the least of which were contributing significantly to global pollution, warming and climate change

Where we would find the teachers for the different topics was a bit of a mystery. There were some marvelous individuals on the faculty, several of whom were landscape architects, architects, urban designers or planners, but a couple were either retired or about to retire, and were already either teaching a full load in the Architecture Department or heavily engaged in projects at one or another institute. One who was sympathetic and encouraging was Professor Wu Leong Jeong, one of the most distinguished Architect/planners in China, and a gifted artist. Another was Professor Sun, and architect/landscape architect who taught basic design and site planning. Both had travelled widely through Europe and Asia, had studied in America, and were busy with professional practice projects. Another who was encouraging and helpful with advice and collegial support but was tied up in his own research, teaching and consulting was Professor Zhang Jie. Yang Rui introduced me, however, to two young, talented and energetic men who had been doing some teaching: Hu Jie and Zhu Yu Fang. Both had degrees but were also landscape architects and were actively engaged in practice through one or another of the Institutes, but usefully at different scales and with different interests. Zhu was deeply interested in history, both Western and Eastern and in the poetics and craft of gardens, their meaning and composition; Hu, working at a large scale on urban plans, and public parks and infrastructure, had recently helped the prominent American firm Sasaki Associates win a competition for a large park that was to create a considerable portion of the Beijing Olympic Games site on the north of the city. There was also Professor Yang Rui, the youngest person ever to become a professor at the School of Architecture, Tsinghua University. He had enormous energy, talent, and intelligence, was well educated, had traveled and studied abroad, and had an extensive professional consulting practice that included cities and vast sensitive ecological regions in diverse parts of the country. He had enormous skills and was developing a network of contacts and politically useful connections at several levels of government and the University. Here were three ideal young teachers if the Department could get enough of their time. Even if we did, these three combined with my periodic visits wouldn't make a full faculty, especially for some of the technical material, number of classes, lectures, and studio critiques needed.

So, I decided that in order to get going we would have to bring several other people from outside China, probably the US, that I knew and might be able to talk into coming for periods of time to teach and help out while the department was preparing its first graduates, one or two of whom if they were good enough could then be brought on as junior faculty to help, thereby gradually growing a cadre of individuals who shared a vision, values, and professional and academic skills. It is my belief that to some significant degree this has actually been and is continuing to being accomplished. My one significant defeat was that the school was absolutely opposed to my ideas about history. In retrospect I realize that my desire that there be a history course that placed China in a broader context of ideas and events (without diminishing any of its history or accomplishment) and that attempted to see if in the various people, cultures, philosophies, and built environment of Asia there weren't sources for different planning and design models that would help to cope with modernization and growth better or differently from those with such deleterious effects as in the West.

Despite this one thing, the Department was approved and launched with a skeleton staff and a first small group of students that Professor Yang and several Tsinghua faculty members selected from entry applications and exams one summer. I was certain that there had to be several individuals in China who would be ideal members for such a faculty as I envisioned, but neither Yang nor I knew them at the time. So, I called upon several colleagues and friends in America to help us start. For Ecology I invited Professor Richard T.T. Forman from Harvard. Richard, who couldn't come on short notice the first year, was and still is the leading landscape ecologist in America whom I had recruited to Harvard for our faculty there in the early 1980s. So for the first year Yang and I managed to teach the rudiments of landscape ecology with the help of various texts, a series of lectures by an ecologist from Beda, and one of his PhD students. The next year Forman came with his wife, and the third year I invited Bart Johnson from Oregon, who has since written a superb book on ecology and landscape planning and design with Kristina Hill, a protégé of Foreman's. Their intensive lectures and inspiration helped several young doctoral students move the department toward our intention to give landscape planners and designers a solid belief and grounding in ecology.

For landscape planning, in an attempt to supplement the work of Professor Yang, I invited Professor Frederick Steiner, the Dean of the School of Architecture at the University of Texas in Austin. Fritz, as he is known, is a graduate of the Department of Landscape Architecture and Regional Planning at Penn, and I had known him since he was a student there of Ian McHarg's and I was a young assistant professor. Having written a number of books, organized conferences, taught and consulted professionally for years in America and Europe, Steiner was a perfect person to bring. I was counting upon his intellectual curiosity and landscape ethic to want to come to China to help, which turned out to be true, as he enthusiastically came and taught effectively several times within the department, forming professional and social contacts that endure.

For site scale design and engineering, as well as an interst in culture and the art of our field I felt I needed for a time to supplement Hue Jie and Zhu Yufang, as they were already nearly overloaded with work. I invited Ron Henderson, one of my former students, who had worked professionally for me briefly before he began successfully teaching at the Rhode Island School of Design and Roger Williams University. While he was rather busy, having opened a small but award winning firm in Providence Rhode Island. Knowing of his talents and of his earlier involvement in Asia, I believed he would enjoy the opportunity to come to Tsinghua and would fit in if I could get him to come. Not only did Professor Henderson accept my invitation, but he flourished in the situation, teaching, working in the Institute with Hu Jie on a number of important professional projects that subsequently won design awards, but also commencing upon research and study of his own that has recently led to a superb compact guide to the gardens of Suzhuo published by the University of Pennsylvania Press.

While I could be at Tsinghua for periods of time, I worried about having others there to keep the excitement and work in the studios going when I wasn't there. In addition to my discovery that my view of history wasn't politically acceptable to the school, I also found that there wasn't as much emphasis upon studio projects as I believed to be normal and necessary. One solution was to have the studios we were allowed to schedule into the students' careers be intense, interesting, well taught, and engrossing. To do so it seemed that it would be useful to have a steady rotation of excellent practitioners and problems. In addition to Henderson and Steiner, I invited another gifted architect/landscape architect/ planner/designer, Colin Franklin, to assist in studio teaching and to lecture. Franklin, an English trained architect, had been a student in our department at the University of Pennsylvania and had worked for a number of years at Wallace McHarg Roberts and Todd on a number of major projects. With his wife Carol, who I taught with for 8 years, Colin was one of the founders of Andropogon Associates, a firm that rapidly became one of the premier firms in the world doing ecological planning and design. Gifted artistically as well as professionally superb, I knew he was fond of Asia and would be an excellent teacher, which proved to be the case.

In my first year as Chairman I was expected to give an inaugural talk to the School, its students, faculty and administrators. Among the things I said were the following:

"Landscape Architecture, like Architecture serves many needs, and is a technical and practical art. Like Architecture it is also an art, and at its best is one of the greatest, encompassing all the elements of the built and natural environment. Beyond utility it can also bring great beauty into our lives. Cultural landscapes created over centuries are among the greatest creations of civilization.

….

The needs of China are great. A nation of 1.4 billion people cannot meet its needs in creating a fitting environment for the future by sending a handful of students abroad to study each year, nor with a few undergraduate programs. Nearly every river in every city is polluted unnecessarily. Thousands of hectares of land adjacent to residential buildings are left over, and are neither useful nor beautiful. Yet through design, this could all be changed. A generation of students is now in and approaching China's universities who are eager to improve this situation, and with education can and will. China must educate its own landscape architects, and in its own way. At this exciting moment Tsinghua can set the direction.

It is common knowledge that there are many problems with environmental policies in America. Large portions of our countryside and urban regions are marvelous, healthy, productive and beautiful. Much, however, it is also badly designed and abused. Unlike buildings and roads, landscapes take years to create and develop fully. This is good. As China rebuilds and transforms itself it must not blindly copy development patterns and processes from elsewhere, but consider carefully what is good for China. This nation has the opportunity to choose the world it wishes to build.

My first hand experience of China has been recent and brief, but I have been a friend to China since my childhood. I followed your struggles in World War II, and have followed your course since. This is a great nation with an artistic and environmental tradition of its own stretching back many thousands of years. China today is probably the most dynamic nation on earth. So much is possible. I feel privileged to have been invited to participate in Tsinghua University's new Landscape Architecture program. I look forward to working with your faculty, students, and people."

After three years of commuting back and forth for weeks at a time from Philadelphia to Beijing, teaching heavily in two schools, and practicing professionally at an intense level in America and Europe, I had become very tired. While I loved the students and my colleagues in China, I decided that I couldn't continue. By then the Department seemed established and relatively healthy - although financing was and probably always will continue to be an issue, as it is everywhere. A School, Department, and Profession are only as good as the people within them. It is an old axiom that one should always try to work for and hire people smarter than oneself. In this I was fortunate. I have fond memories of my time in China. It was a period of growth and stimulation for me: sitting on a wilder portion of the Great Wall one afternoon with Richard Forman and his wife that Yang Rui took us to; of taking our students into the mountains west of Beijing to visit the monastery where Genghis Khan's daughter is buried where we saw horse chestnut trees that were 800 years old and ginko trees that were over 900 years old; of dinners beside Ho Hai lake eating superb food with great company and watching boats and floating candles in the in the moonlight; of having the students measuring streets in one of the older hutongs and studying how the residents socialized in the public spaces; of drinking beer and having picnics while watching movies about nature and design that we decided should be seen with the students in the evening in their studio; of entering a classroom expecting to find the 8 students registered in the class only to find 40 who had turned up from other departments and other universities eager to learn; of long and enjoyable hours with Yang and his family in their home, and many days of sitting together dreaming, working and laughing giddily, as we tried to figure out how to get all the work done that was needed. Somehow it mostly got done, almost always because of Professor Yang Rui, who I always considered the actual chairman with me as his advisor and friend.

Congratulations to the Department of Landscape Architecture on it's 10th birthday.

序叁

—庄惟敏

本套书是清华大学建筑学院为纪念景观学系成立十周年所出版的一套纪念集，全套书共三本：《借古开今——清华大学风景园林学科发展史料集（1951·2003·2013）》、《树人成境——清华大学风景园林教育成果集（1951·2003·2013）》、《融通合治——清华大学风景园林学术成果集（1951·2003·2013）》。

事实上，清华大学建筑学院景观学系从初期建制的萌芽到今天完整学科体系的建立，迄今已经走过了近七十年的发展历程。

梁思成先生 1945 年 3 月在给梅贻琦校长建议清华大学成立建筑系的信中写到："一俟战事结束，即宜酌量情形，成立建筑学院，逐渐分添建筑工程，都市计划，庭院计划，户内装饰等系"，已经提到要成立"庭院计划系"（景观学系前身）。1949 年梁先生又在论述清华大学营建学系办学框架时明确提出了造园学的办学宗旨。1951 年吴良镛先生和汪菊渊先生在清华成立了我国第一个"造园组"。此后，吴良镛院士在他的"广义建筑学"和"人居环境学"理论中，提出了 Architecture、Urban Planning 和 Landscape Architecture 三位一体的思想，并在他的支持下，建筑学院在 1997 年 1 月 29 日向学校提出恢复景观建筑学（Landscape Architecture）专业和成立研究所的报告。2002 年 4 月 27 日，建筑学院前院长秦佑国先生在"面向 21 世纪的清华建筑教育"的报告中，正式提出清华大学建筑学院要成立景观建筑学系。2003 年 7 月 13 日经清华大学第 20 次校务会议讨论通过，清华大学建筑学院景观学系（Department of Landscape Architecture）正式成立。

在本书付梓之际，我从心里感到喜悦和欣慰，不仅是因为在景观学系成立十周年之际我们能够向学界和同行推出这套丛书，更因为梁思成先生早年主张的造园学能在今天依旧持续昂扬的发展，而倍感欣慰。

说是为本书作序，其实是谈谈自己的感想。这里只想扼要地谈三点：

一、本书的意义

景观学是一门建立在广泛的自然科学和人文艺术学科基础之上的应用学科。我们今天已经无需再去讨论它是由德国近代地理学家拉采尔（F.Razel）提出还是施吕特尔（O.Schlter）所倡导的地理学中心论，抑或是由帕萨格（S.Passarge）创造了景观地理学一词，还是后来的美国地理学家索尔（C.O.Sauer）发表的《景观形态学》所倡导的文化景观论，以及上个 20 世纪 30 年代苏联地理学家所述的景观学原理，直到美国近代园林学家奥姆斯特德（Olmsted）将它定义为：用艺术的手段处理人、建筑与环境之间复杂关系的一门学科。毫无疑问，今天的景观学（Landscape Architecture，教育部颁布名称为风景园林学，可授工学、农学学位）已经成为一门正式的一级学科为学界所认可，而且与建筑学和城乡规划学共同构成人居环境科学的核心学科。

这套丛书就是将清华建筑学院的风景园林学科依照时间的进阶，进行一次学科发展、专业教育、科研实践及人才培养的全方位的梳理和记录，因此，它不仅仅是一套纪念文集，它更是一部清华建筑学院景观学系发展历史的记录，是风景园林学作为人居环境科学核心学科系统发展的回顾，是清华风景园林学科架构和教学探索尝试的阶段性小结，当然也是自 1951 年以来对清华风景园林教学与科研成果的检阅。

二、本书的成果

这套丛书，以史料整理、教学成果和学术研究为三大部分，全面地展现了清华风景园林学的发展历程和现状。

《借古开今——清华大学风景园林学科发展史料集（1951·2003·2013）》整理了自 1951 年至今与清华风景园林相关的大事记。从 1945 年梁思成先生"庭院计划系"的构想，1949 年梁先生首提造园学系课程体系，阐释造园学系的办学目的，到 1951 年吴良镛先生和华北（北京）农业大学的汪菊渊先生在清华成立我国第一个造园组，标志着我国现代风景园林学科的创立。在这本书里，我们能够看到 1951 年 ~1953 年"造园组"的课程和师资一览表。从当时表中一个个熟悉的名字后来在业界耳熟能详也足以证明当时这是一个多么豪华的师资阵容。62 年，半个多世纪的巡回，"史料集"以珍贵的照片和史料文献，随着岁月的流逝，点点滴滴地发掘、整理、汇编和梳理了清华风景园林学的成长历程，有些史料也是第一次被编纂成书，展示公众。那些多少有些模糊的黑白照片，那些集中国画皴染和西洋水墨渲染等技法于一体的设计画稿，那些徒手描摹和誊抄的文字笔记都让我们能够透过这书的每一页，看到我们的学长和前辈的身影。从创立之初的梁思成、吴良镛先生到 2003 年成立景观学系的第一位外籍系主任美国艺术与科学院院士、宾夕法尼亚大学教授、哈佛大学景观建筑学前系主任、2013 年美国国家艺术金奖获得者劳瑞·欧林（Laurie D.Olin），再到今天的系主任杨锐教授，清华建筑学院有 50 余位教师参与和投入到景观学的学科建设和人才培养之中，教学、实践成果突出，国际和国内获奖众多。迄今我们已经有 114 位研究生毕业，为国家培养了大批优秀的专业人才。

《树人成境——清华大学风景园林教育成果集（1951·2003·2013）》讲述了清华风景园林教育历史的发展历程、"东西融通，新旧合治"的办学理念、以及致力于培养"中国职业景观规划设计师和景观规划、设计、管理和研究方面的领导型人才"的办学思想与坚持时空观、学术观和实践观的发展战略思考，概述了学科体系和办学特色。以学生作业为主体，分别对本科生教育体系和研究生的培养进行了论述。书中通过硕士生毕业设计、博士生论文等内容，全面整理了自 1951 年以来所开设的课程及教学的基本情况，有些课程可作为案例供国内同领域参考借鉴。"教育成果集"详细地描述了清华大学景观学系几乎所有的课程，重点地罗列和分解了各门主干课的授课目标、授课内容、授课计划、课题时间安排、知识点和相关讲座。其中对于教育思想、办学体系论述和主干课教学大纲的梳理和归纳，对我国风景园林教育有很强的借鉴价值和示范意义。

《融通合治——清华大学风景园林学术成果集（1951·2003·2013）》将清华风景园林半个多世纪的研究与实践，分为风景园林历史与理论、园林与景观设计、地景规划与生态修复、风景园林遗产保护、风景园林植物应用、风景园林技术科学等六个方向，分别就科研、论文和重要实践项目展开论述，以教师的科研、实践作品为主体进行整理，并就每个方向撰写了研究综述。从国家自然科学基金重点项目的承担研究，到教材与专著的编著，清华风景园林方向已经开展了 20 余项国家重点课题的研究，出版了 30 余部专著，发表了 320 余篇论文，完成了 30 余项著名景观规划设计项目，在国际和国内取得了巨大影响，其中一些获得大奖的项目堪称当今景观学界的经典作品。

三、本书的特点

本书的特点之一，是有很强的史料性。它以尊重历史史实的严谨的态度，整理和编纂相关的素材，并依据时序的进阶论述其发生、发展和演变。书中所涉及的史料，均以影印和照片的方式呈现出来，所有的事件、文字和话语均注明出处和索引。所以，它是一部很有参考价值且资料性很强的专著。

本书的特点之二，是内容的丰富性、示范性。大量研究成果和实例的呈现及分析，专业教育的课程体系大纲的罗列，学生优秀作业的展示，研究专著和论文综述，实践项目的图片汇集，都以图文并茂的方式，全方位地展现了清华大学作为国内一流大学其景观学专业教育在科研、人才培养、教学和实践方面的整体概貌。这对于相关院校、研究机构和规划设计公司都有直接的借鉴价值。所以，它又是一部对同行具有参考意义的专著。

本书的特点之三，是紧密结合中国的国情。其教学、科研和实践项目中大部分都涉及当下中国人居环境科学领域的重大课题。阅读本书也能使读者方便地了解中国现阶段关于环境、建筑和人的一些热点问题及可能的解决方案。

四、面临的挑战

在 2012 年教育部的学科评估中清华大学风景园林学一级学科全国排名第二，这是一个让人喜忧参半的结果。喜的是我们在师资紧缺、资源相对匮乏的现实背景下取得第二的成绩证明了我们的实力；忧的是我们和排名第一的北京林业大学的风景园林学科相比，在师资数量和资源投入方面差距巨大，尤其在人才资源规模方面，由于学校整体师资规模的控制，教师数量的缺口在短时间内不可能有明显的改善。所以，如何用有限的资源去创造更多的成果，使学科发展得以提升，就成为当下我们面临的最重要的课题。

所以，本书的完成只是一个阶段性的小结，是一个承上启下，承前启后的阶段性成果，我们不仅要为已有的成绩击掌，更要以此鞭策自己。我们有理由期待着它的下一个飞跃。

谨以上述文字贺本书出版，并谨祝清华大学建筑学院景观学系成立十周年。

清华大学建筑学院 院长　庄惟敏

2013 年 8 月 20 日于清华园

序肆

——杨锐

2013 年是清华大学建筑学院景观学系成立十周年，是 1951 年"造园组"第一届学生毕业 60 周年，也是"造园组"联合创办人汪菊渊先生诞辰 100 周年。在这个特别的年份，景观学系师生齐心协力编撰了这套纪念丛书，目的有三：收集整理 60 多年来清华风景园林发展的史料文献；分析总结清华风景园林教育、研究和实践中的经验教训；构筑夯实清华风景园林持续发展的思想、文化和团队基础。丛书内容涵盖 1945 年至 2013 年共约 68 年的历史阶段。其中包括两个关键性时间节点，即 1951 年——清华大学和北京农学院联合设立新中国第一个风景园林专业"造园组"和 2003 年——清华大学建筑学院设立景观学系。今年 6 月，在向"造园组"另一联合创办人吴良镛先生汇报系庆筹备工作时，吴先生建议以"借古开今"作为系庆主题。系内师生经过热烈讨论，又补充了"树人成境"和"融通合治"等 2 个主题，并以此分别命名纪念丛书中历史、教育和学术等 3 本专集：《借古开今：清华大学风景园林学科发展史料集（1951·2003·2013）》、《树人成境：清华大学风景园林教育成果集（1951·2003·2013）》和《融通合治：清华大学风景园林学术成果集（1951·2003·2013）》。

《借古开今：清华大学风景园林学科发展史料集（1951·2003·2013）》由 3 个部分组成：大事记、回忆录和附录。大事记以纪年方式，梳理了自 1945 年梁思成先生首倡"庭院计划系"以来的重要事件、重要学术研究和实践成果，配以丰富、珍贵的历史照片。回忆录收集了 26 篇纪念文章、访谈笔录和座谈记录。作者和访谈、座谈对象包括吴良镛先生，"造园组"时期的教师朱自煊、陈有民先生，第一届学生郦芷若、朱钧珍、刘少宗等先生，原北林园林系系办教学秘书杨淑秋先生，长期进行风景园林研究和实践的郑光中、冯钟平、孙凤岐先生，讲席教授组成员罗纳德·亨德森教授，对景观学系建立和发展做出重要贡献的历任院领导秦佑国、朱文一和边兰春先生。左川先生在景观学系建立、发展，甚至在这套丛书编撰过程中默默地做了很多事，发挥了重要作用。系内众多师生也撰写了回忆或纪念性文章。首任系主任劳瑞·欧林教授寄来了生动细致、热情洋溢的纪念文章和在清华期间的速写绘画。鉴于欧林教授在清华风景园林事业中的重要地位和杰出贡献，我们决定将他的文章以"代序"的形式辑入纪念丛书，速写绘画收录于大事记中。7 个附录收集整理了清华风景园林历任教师和历届学生名单，重要实践项目、获奖以及学术讲座一览，还有欧林教授的珍贵手稿以及讲席教授组成员及部分访问教授的留言。

清华风景园林的历史大体分为 3 个阶段：初创阶段、延续阶段和建系阶段。初创阶段起于 1945 年终于 1953 年，大约 8 年。1945 年梁思成先生将"庭院计划系"作为计划中的"建筑学院"4 个系之一，为清华风景园林的发展播下了思想的种子。1951 年吴良镛和汪菊渊先生在清华大学联合开办"造园组"，首创建筑院校和农林院校联合办学的先河，其远见卓识令人感叹！以吴良镛、汪菊渊、朱自煊和陈有民先生为代表的不同学科背景教师联合授课，其在学科融合方面的努力和成就，即使在 60 多年后的今天看来理念依然那么先进，场景令人向往。1953 年首届"造园组"8 名毕业生标志着清华风景园林结出了第 1 批硕果。郦芷若、朱钧珍、刘少宗、王璲等先生后来都成为中国风景园林界的重要人物。遗憾的是，清华"造园组"由于国家"院系调整"政策于 1953 年戛然而止，令人唏嘘不已。1953 年至 2003 年的 50 年是清华风景园林的延续阶段。梁思成、吴良镛、莫宗江、朱畅中、汪国瑜、朱自煊、周维权、陈志华、楼庆西、赵炳时、刘承娴、朱钧珍、姚同珍、郑光中、冯钟平、郭黛姮、单德启、孙凤岐、左川、纪怀禄、王丽方、章俊华等先生在不同阶段，以不同方式护持传递着清华风景园林的明灯，在学术著述、研究生培养和工程实践方面均取得了令人瞩目的成就。吴良镛先生发表的《人居环境科学导论》为清华风景园林学科的发展建立了坐标；朱畅中先生在中国风景名胜区制度建设和规划实践上做出了贡献；周维权先生的经典著作《中国古典园林史》、朱钧珍先生主编的《中国近代园林史》、陈志华先生的《外国造园艺术》和冯钟平先生的《中国园林建筑》是清华风景园林历史与理论研究的标志性成果；郑光中先生等人在风景园林教学、旅游游憩规划和国标制定等方面的开拓性工作成为清华风景园林发展的宝贵财富；孙凤岐、郑光中先生分别领导的"景观园林研究所"和"资源保护与风景旅游研究所"为景观学系的最终建立打下了良好基础。根据吴良镛先生的回忆，改革开放后清华共有4次建系努力，为此还将第一届毕业生朱钧珍先生调回清华任教。前三次因为各种原因，均未成功，直到2003年10月8日在秦佑国先生担任建筑学院院长时才终于实现。此时距梁思成先生提出"庭院计划系"58年，距"造园组"成立52年，距"造园组"结束50年。

建系十年来清华风景园林学科的发展取得了一些成绩，也有很多不足需要认真总结。成绩主要表现在4个方面：第一，初步确立了"新旧合治，东西融通；尺度连贯，知行并举"的学科发展思想。第二，建立了结构清晰完整、富有前瞻性的硕士学位课程体系。第三，组织了一支多层次、多背景，结构基本合理，人人方向明确的教师团队，同时形成了以"活力"和"合力"为特征，生机勃勃、开放、包容的系内文化。第四，在一级学科申报、风景园林教指委建立、首届中国风景园林学会（综合性）年会召开等全国性学科发展重大事件上发挥了清华应有的作用。上述成绩的取得是清华本校教师和劳瑞·欧林讲席教授组（前后共9位成员）共同努力的结果，其中2003至2006年，作为首任系主任的劳瑞·欧林教授和他领导的讲席教授组发挥了主导性作用。清华硕士学位课程体系就是在劳瑞·欧林教授起草的文件基础上结合清华实际逐步修改完成的。讲席教授组所带来的新理念、新信息、新动态成为清华风景园林学科发展的重要养分。劳瑞·欧林教授尤其令人感动。他在来华前已经是美国首屈一指的景观设计大师和风景园林教育家。70年代曾任哈佛大学景观学系主任。以他的地位，在迈向古稀之年，在语言不通、文化陌生、饮食不太习惯的情况下决定来华任教，需要多么大的勇气和信心！劳瑞·欧林教授和讲席教授组其他成员为清华景观学系所作出的巨大贡献是不会磨灭的。建系以来的不足和遗憾也有4个方面：第一，教师数量没有达到门槛规模；第二，与校内和院内兄弟学科的合作进展不理想；第三，与实践单位的合作和联系没有形成系统的框架和有效的机制；第四，清华大学风景园林本科设立尚未成功。

《树人成境：清华大学风景园林教育成果集（1951·2003·2013）》的内容分为4章。第1章概括回顾了自1951年至2013年清华风景园林教育的发展历程，阐述了景观学系的教育理念、办学思想、发展方向和发展战略。第2章介绍了由景观学系开设的学士、硕士和博士课程，课程体系和特色。第3、4两章展开详述了研究生课程和本科生课程。附录部分全面收集了研究生培养计划，以及博士、硕士学位论文目录，博士后出站报告目录等内容。初创阶段清华风景园林教育规模小，时间虽短，但理念和课程先进，影响深远。延续阶段清华在建筑学和城市规划专业内涌现了很多风景园林方向的优秀学位论文，如张锦秋完成的《颐和园后山西区的园林原状、造景经验及利用改造问题》（莫宗江指导，1965年），李敏完成的《生态绿地系统规划与人居环境建设研究》（吴良镛指导，1997年）、刘宗强的《我国山岳风景资源的保护与开发利用》（朱畅中指导，1987年），袁牧的《东京"历史文化散步道"与北京"历史文化散步道"规划设想》（朱自煊指导，1993年），徐扬的《生态旅游区域规划初探》（郑光中指导，1998年），蔡宏宇的《美国高校传统校区景观更新研究及其启示》（孙凤岐指导，2000年），杨锐的《建立完善中国国家公园和保护区的理论与实践研究》（赵炳时指导，2003年）等。改革开放前清华很多毕业生在中国风景园林事业中发挥了重要作用：如曾担任中国风景园林学会理事长的周干峙先生、曾任建设部园林局副局长并组织建立了风景名胜区管理体系的甘伟林先生、曾任建设部风景名胜处及园林绿化处处长的王秉洛先生、曾任风景名胜区协会副会长的马纪群先生、曾任中国风景名胜区协会会长的赵宝江先生等。

景观学系的建立使清华风景园林教育完成了系统化、正规化、可持续化的任务，培养规模也逐步扩大。

迄今，景观学系可培养的硕士学位有 5 个。同时在学院统筹下参与建筑学学士的培养工作。截至 2013 年 9 月，已毕业学生 9 届，114 人，其中博士 8 人，硕士 106 人；在读学生 146 人，其中博士生 22 人，硕士生 124 人。建系后景观学系抱着初生牛犊不怕虎的态度，"吃过两次螃蟹"。第一次是设计专题型硕士培养。即通过 1 个景观设计 Studio，1 个景观规划 Studio，和 1 个综合型方案设计（而非毕业论文）的方式培养专业硕士，这是国际上通行的建筑类院校培养模式。9 年坚持下来，取得了一些经验。国务院学位委员会建筑学评议组联合召集人朱文一教授评价这一方案"成功实施应该是中国建筑教育领域'第一个吃螃蟹'的先行者"，"也为建筑学和城乡规划学专业实施全日制专业型硕士研究生培养模式和国家'卓越工程师教育培养计划'提供了宝贵的经验"。与日本千叶大学联合培养双学位是由景观学系承担的另一项"先行者"任务。千叶大学同事们严谨认真、一丝不苟的作风给我留下深刻印象。

《融通合治：清华大学风景园林学术成果集（1951·2003·2013）》按照一级学科所确定的 6 个学科方向——风景园林历史与理论、园林与景观设计、地景规划与生态修复、风景园林遗产保护、风景园林植物应用、风景园林技术科学——全面收集整理了清华风景园林 62 年来，尤其是建系 10 年来的学术研究成果，其中包括重要科研项目、重大工程实践、主要专著和论文等。清华在风景园林历史研究方面的积淀是深厚的，成果也是持续的。建系前的成果在上文中有所提及，2003 年以后的成果包括朱钧珍先生份量很重的《中国近代园林史》、《南浔近代园林》和贾珺教授的《北京私家园林志》。风景园林学理论研究和建构将是景观学系未来的重要工作之一。清华园林与景观设计方向的学术带头人是朱育帆教授，他的"三置论"及许多获奖实践项目，如上海辰山植物园矿坑花园和青海原子城纪念园用心微细，功力深厚，影响甚广。以奥林匹克森林公园为代表，胡洁老师在不同尺度上进行了广泛的景观规划设计实践，同样是清华园林与景观设计方向的宝贵财富。"地景规划和生态修复"是清华风景园林的重要学科生长领域。从 90 年代初开始，清华在旅游度假区的规划设计实践和国家标准制定方面做出了成绩，郑光中先生、我本人和邬东璠都曾参与其中。景观水文和棕地修复是这个领域其他两个潜力巨大的生长点，刘海龙和郑晓笛正深耕其中，成果令人期待。风景园林遗产保护是清华传统优势领域，朱畅中、周维权、郑光中先生在风景名胜区方面进行了很多研究和实践。建系以后，我和庄优波、邬东璠又先后承担了众多世界遗产地的规划、研究和申报工作，包括梅里雪山、黄山、老君山、千湖山、五台山、华山、五大连池、天坛等等。作为专家起草组组长，我还和刘海龙一起完成了《国家文化与自然遗产地保护"十一五"规划纲要》的起草工作，这是新中国第一部文化与自然遗产保护方面的综合性国家五年计划。2009 年中国农业大学观赏园艺和园林系主任李树华教授加入清华景观学系，成为清华风景园林植物应用方面的学术带头人。李老师很快在植物景观规划设计、城市绿地生态效益研究、园艺疗法等方面做出了成绩，并与北京园林科学研究所一起成功申报了"园林绿地生态功能评价与调控技术北京市重点实验室"。Ron Henderson 教授长期以来教授的"景观技术"课程深受同学们的喜爱，他更是将清华的影响带到了美国。由于在中国园林研究、风景园林教育和景观设计实践方面的贡献，他于 2012 年被美国宾夕法尼亚州立大学景观学系聘任为系主任和正教授，距他在清华开始任教只有短短的 8 年时间。虽然这也许是一个偶然个例，但想到景观学系在短短数年间就开始向专业领先的"美国"输出"人才"，还是让人由衷高兴。党安荣教授领导的团队在智慧景区、3S 技术应用方面的工作，以及郭黛姮、胡洁教授在"数字再现圆明园"和"乾隆花园数字化模拟"方面的工作是清华风景园林技术科学领域的重要成果。

"借古开今"、"树人成境"和"融通合治" 12 个字意义深远，它们凝练了清华风景园林教育哲学："融合东西"、"通治古今"以"立人成境"。景观学系系徽（下图）是这一哲学的形象展示。系徽选用半圆形战国齐树纹瓦当为原型，图案左右两半阴阳相合，代表古与今、东与西、人与自然、理论与实践、科学与艺术、理工与人文、逻辑思维与形象思维等诸多对立关系相辅相成、和谐合一。中国人说"十年树木，百年树人"，系徽正中部不仅是具象的大树，更是茁壮成长中的学生。人物采用跪姿表达对自然的敬畏、对文化的尊重和对教育的虔诚。初春的绿色代表着无限的活力和生命力，与之相应的留白则预示了无限的希望与可能。

是为序。

杨锐

前言

本书名为《融通合治—— 清华大学风景园林学术成果集（1951·2003·2013）》，是在景观学系系庆之际由景观学系师生共同整理编辑的，以此反映清华大学风景园林学术研究情况。

在广泛收集材料之后，本书按照风景园林学一级学科的六个主要研究方向分六章进行编排，依次为风景园林历史与理论、园林与景观设计、地景规划与生态修复、风景园林遗产保护、风景园林植物应用、风景园林技术科学，共甄选出32部学术著作、26项科研课题、36个实践项目收入书中，并对每个方向的研究成果进行了综述。其他论文、实践项目等以附录形式辑入。需说明的是，风景园林学自身融贯性较强，各个研究方向之间很难划出明确的界限，跨多个方向的研究成果也为数不少，本书暂以其最具代表性的研究成果确定所属章节。另外，为全面反映自1951年"造园组"建立以来清华风景园林从未中断的研究积累，本书收录了部分2003年景观学系建系之前的风景园林研究成果；同时，所收录的2003年之后的研究成果以景观学系教师的科研、实践为主。

本书力求以实事求是的严谨态度客观反映清华风景园林各个方向的研究成果。在我们收集整理的成果中，不仅能看到对中国古典园林和山水美学的虔诚信仰与勤勉传承，也能看到对现当代风景园林理论和技术的扎实探索与不断创新。同时，也需看到在风景园林学术研究方面，我们还有很长的路要走。

1 风景园林历史与理论

1.1 综 述

清华大学风景园林历史与理论方向以传统风景园林、风景名胜区、自然遗产、自然和文化混合遗产的理论研究为特色。学术积淀较为深厚，影响力大。

基础教学，历史悠久

1949年，梁思成先生构想在清华大学成立营建学院，下设"建筑学系"、"市乡计划系"、"造园学系"、"工业艺术系"和"建筑工程学系"，在他起草的《清华大学营建学系学制及学程计划草案》中所包含造园学系的课程中，就包括设计理论、造园概论等理论课程。1951年，清华大学营建系和北京农业大学合办"造园组"，开创我国现代风景园林学科。当时"造园组"的课程中有关历史与理论方面的课程包括汪菊渊、刘致平主讲的"中国造园史"；胡允敬主讲的"西方造园史"；汪菊渊、陈有民主讲的"园林艺术"等。1953年之后"造园组"停办，时任营建系主任的吴良镛，成立了一个以应程铨教授为主任，朱自煊先生兼任秘书，"造园组"首届毕业生刘承娴与朱钧珍做助教的"城市规划与居民区绿化教研组"，由刘承娴、姚同珍、朱钧珍相继开设的"城市绿化"课中讲授国内外城市绿化的基础理论，该课程从20世纪50年代初一直持续到90年代中期；由赵正之开设的"中国古代建筑史"课程中讲授古典园林作为重要的一个部分，主要包括江南园林及北京园林；而由陈志华开设的"外国建筑史"则包含了少量外国古典园林的知识。1981年开始周维权开设了"中国古典园林"（后名"中国古代园林"），该课程在90年代中期至2004年由纪怀禄继续开设。在研究生教学方面，2000年开始，开设了"景观设计概论"（章俊华）、"景观建筑学导论"（杨锐）；2002年增设了"欧美现代景观园林概论"（朱育帆）。

2003年，随着清华大学建筑学院景观学系正式成立，历史理论作为课程体系的一个重要板块，形成了本科—硕士—博士循序渐进的体系化培养方案。目前已经开设的本科阶段课程包括"风景园林学导论"（杨锐）及"西方古典园林史"（朱育帆）；研究生课程包括"风景园林学史纲 I（亚洲部分）"（贾珺）、"风景园林学史纲 II（欧美部分）"（朱育帆）。

知行并举，成果丰厚

清华大学风景园林历史与理论的研究一直与实践项目密切结合，并融入毕业设计的教学中，较早开始了产学研一体的实践。

在人居环境理论方面，风景园林理论是吴良镛先生提出的人居环境理论三大支柱之一。吴先生的《人居环境科学导论》也成为清华风景园林理论研究的重要基石。在吴良镛主持的很多人居环境科研和实践项目中，都有风景园林理论的重要成果。比如1993年吴良镛主持的国家自然科学基金重点项目"发达地区城市化进程中建筑环境的保护与发展研究"，针对我国城市化高速发展关键时期的耕地减少、资源流失、环境恶化及历史人文景观破坏等严重问题进行研究。1998年吴良镛主持了"滇西北人居环境（含国家公园）可持续发展规划研究"，对滇西北生物多样性、文化多样性保护与发展和人居环境建设之间的关系、存在的问题、保护与发展的重点、主要对策和紧迫性问题等提出了较明确的结论。

在中国古典园林历史及理论方面，对古典园林史、颐和园、圆明园等皇家园林及北方私家园林进行了持续研究。1990年周维权出版专著《中国古典园林史（第一版）》，金柏苓评价为"第一部系统全面的中国园林史学的经典专著"；其后在1999年该书第二版发行，被评价为"比之第一版的分量几乎翻番，等于又用了十年再磨一剑"[1]，后获得全国优秀科技图书奖；2008年该书出版第三版。对于颐和园的研究一直被作为科研课题，从1951年就开始了颐和园的测绘工作，一直持续到"文革"前。1963年之后，颐和园测绘工作由一年级学生改为高年级学生参与，将视野拓展到建筑与周边环境的关系，不仅测绘园林建筑，同时还关注区域景观问题。当时的营建系师生对颐和园的造园技术与艺术进行了全面研究。莫宗江带领研究生张锦秋完成了毕业论文《颐和园后山西区的园林原状、造景经验及利用改造问题》；周维权、冯钟平、楼庆西先后出版了专著《颐和园》（台湾朝华出版社，1981年；台湾建筑师公会出版社，上下册，1990年；中国建筑工业出版社，2000年）；80年代初，纪怀禄与殷一和共同编导了面向全国发行的电视教学片《颐和园——她的园林艺术与建筑》；其他对颐和园的研究包括硕士论文2篇。20世纪90年代末，郭黛姮申请了清华大学校级课题，开始对圆明园进行研究，2000年完成了圆明园保护规划，先后指导了6篇硕士论文、1篇博士论文，出版了《乾隆御品圆明园》、《远逝的辉煌：圆明园建筑园林研究与保护》、《圆明园的"记忆遗产"》，并于2009年开始进行数字圆明园项目，对圆明园进行三维虚拟仿真研究；其他圆明园研究包括何重义、曾昭奋主编的《圆明园园林艺术》、孙凤岐指导的博士论文《圆明园遗址山形水系与植物景观保护整治研究》（作者：吴祥艳）等。1984年朱自煊、郑光中等开始了对什刹海区域的规划设计和研究，形成了9篇本科毕业设计论文，围绕什刹海的游园、水景、绿地、交通和商业街等开展了专题研究，堪称早期的研究型设计。1981年冯钟平开始对"中国园林建筑"进行立项研究，后出版了著作《中国园林建筑》（台湾明文书局，1989年；清华大学出版社，1988年、2000年），并获得"1988年建设部科技进步二等奖"、"1988年度中国图书奖荣誉奖"及1988年度"全国优秀图书"。1999年周维权、楼庆西主编了《中国建筑艺术全集17·皇家园林》。2007年，贾珺对"北京私家园林历史源流、造园意匠及现代城市建设背景下的保护对策"进行了立项研究，出版了著作《北京私家园林志》。

在外国古典园林历史及理论方面，1988～1990年，陈志华主持清华大学科学基金项目"外国造园艺术及中外造园艺术比较"，并出版专著《外国造园艺术》（台湾明文书局，1989年；河南科学技术出版社，2001年）。此外，陈志华还出版了专著《中国造园艺术在欧洲的影响》。

在近代园林历史及理论方面，2012年，由朱钧珍主持编著的《中国近代园林史（上篇）》正式出版，填补了近代园林史研究的空白。同年朱钧珍主编的《南浔近代园林》出版，其中收录了部分清华大学建筑学院对南浔近代园林的测绘成果。

在风景园林及遗产规划理论探索方面，早在20世纪70年代末，朱畅中、朱自煊、周维权、徐莹光、郑光中、冯钟平等就开始了黄山的调研和规划工作。1983年，朱畅中、徐莹光带领78级本科生完成广东肇庆七星岩风景区总体规划项目，并结合项目指导学生在总体规划、详细规划和传统造园手法在新型大型公园中的运用等方面进行了专题研究，完成了研究型设计作为毕业论文。此外还有三峡、辽宁阊山风景区总体规划等均结合毕业设计进行。1983年，朱畅中的《风景名胜区的保护、建设和管理（讨论稿）》完成但未出版。1996年，周维权出版专著《中国名山风景区》，是迄今为止关于中国风景名胜研究的较完备的一部著作。其后，杨锐、庄优波、邬东璠、赵智聪等人，通过对泰山、黄山、三江并流梅里雪山、老君山、五台山、华山、天坛、五大连池等风景区及遗产的规划实践，积累了大量遗产地保护理论和规划案例。

在景观设计理论方面，朱钧珍在水景设计理论方面出版了专著《园林理水艺术》及《园林水景设计的传承理念》。朱育帆通过北京金融街北顺城街13号四合院改造、清华大学核能与新能源技术研究院中心区环境改造、青海原子城国家级爱国主义教育基地景观设计等实践项目总结了设计理论"三置论"。

2003年以后，杨锐一直坚持风景园林学科发展和风景园林教育方面的研究工作，先后发表论文《融通型 互动式 多尺度 公共性——清华大学风景园林教育思想及其实践》、《风景园林学的机遇与挑战》、《文明转向与风景园林的使命》、《三问风景园林学术共同体》、《风景园林学的脉络与特征－兼论21世纪中国需要怎样的风景园林学》等文章。并以召集人和主要执笔人的身份起草了《增设风景园林学为一级学科论证报告》。

以上简单综述了清华风景园林历史理论研究的概貌，由于理论研究多依托于实践，尤其在规划和设计理论方面，一些理论成果在本书中可能被收录于其他相应的版块。而人居环境理论是建筑、规划、风景园林三位一体的大理论，在本版块中仅收录少量作为点题之作。另外基础教学方面的详细论述参见本丛书中另外一本"教育成果集"。

邬东璠　杨锐

1.王绍增.十年再磨剑——读周维权先生《中国古典园林史》（第二版）有感[J].中国园林，2000(4):87-88.

1.2 人居环境

1.2.1 人居环境科学导论

人居环境科学导论

作　者：吴良镛
出版社：中国建筑工业出版社
出版时间：2001年10月

人居环境科学是一门以人类聚居为研究对象，着重探讨人与环境之间的相互关系的科学。它强调把人类聚居作为一个整体，而不像城市规划学、地理学、社会学那样，只涉及人类聚居的某一部分或是某个侧面。学科的目的是了解、掌握人类聚居发生、发展的客观规律，以更好地建设符合人类理想的聚居环境。本书是吴良镛院士基于多年来的理论思考和建设实践著述而成。内容包括两部分：第一部分"人居环境科学释义"阐述了人居环境科学的来由、人居环境的构成、人居环境建设的基本观念、人居环境科学的方法论，以及在保护和建设可持续发展的人居环境方面的研究实例；第二部分"道萨迪亚斯人类聚居学介绍"，是对希腊学者道萨迪亚斯人类聚居学思想与实践的系统研究成果。

1.2.2 发达地区城市化进程中建筑环境的 保护与发展研究

项目类型：国家自然科学基金"八五"重点项目
项目时间：1993年1月~1997年6月
主持单位：清华大学、同济大学、东南大学
主持人：吴良镛
成果完成人：吴良镛、齐康、陶松龄、赵炳时、董鉴泓、谢文惠、阮仪三、尹稚、毛其智、
　　　　　　吴唯佳、杜文涛、段进、王建国、钱兆裕、赵民、王祥荣、刘健

该项目针对我国城市化高速发展关键时期种种无序发展导致的耕地减少，资源流失，环境恶化及历史人文景观破坏等社会、经济、科技、文化方面的严重问题，运用了区域整体协调，多学科融合与经济发展、城市建设、环境保护相关性分析，并结合部分城市的规划设计作为理论的验证和示范，为发展城乡规划学科，开拓人居环境科学的理论研究做出了贡献，其理论成果具有较强的创造性、先进性和实用性。项目研究引起我国著名学者和受益地方政府及部门的重视和好评，被认为是处于国际领先水平的研究成果。

专著：吴良镛.发达地区城市化进程中建筑环境的保护与发展[M].北京：中国建筑工业出版社，1999.

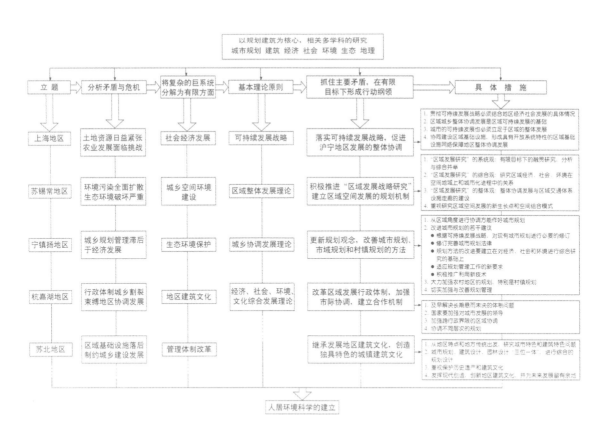

发达地区城市化进程中建筑环境的保护与发展研究框架图

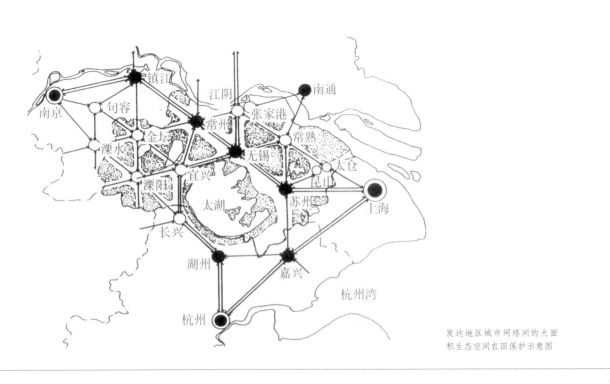

发达地区城市网络间的大面积生态空间农田保护示意图

1.3 古典园林历史与理论

1.3.1 北京私家园林历史源流、造园意匠及现代城市建设背景下的保护对策研究

项目来源：国家自然科学基金委员会
项目编号：50678087
起止年月：2007年1月～2009年12月
主 持 人：贾珺
参与人员：郭黛姮、朱育帆、刘畅、赵晓梅、黄晓

北京历史上出现过大量的私家园林，地方特色鲜明，取得了很高的艺术成就，是中国古典园林的杰出代表。清华大学建筑学院贾珺主持的课题通过大量的现场调研、测绘和文献考据，首次系统、深入地对辽代以来300多处园林实例进行了分析，总结其历史源流、造园手法、园居生活、社会文化内涵和保护策略，其成果对于建筑史、园林史的研究有较高的学术价值，对北京的古城保护具有重要的参考意义，同时也可为当前的首都景观建设提供一定的借鉴意义。

课题组收集、复印、扫描了大量与北京私家园林有关的文献资料，包括方志、诗文、笔记、日记、碑刻、图画、旧照片以及口碑访谈史料，调查了所有现存实例与遗址，拍摄数码照片约2万幅，测绘、复原了64处古典园林的总平面图和部分园林的建筑平立剖面图、三维电脑模型、鸟瞰效果图，建立了翔实的信息资料库。项目选择了36处不同规模的北京私家园林实例，重点进行个案研究，内容包括现场调研、测绘、摄影、制图，对部分已毁园林进行详细复原；同时通过文献考据，并结合对园林旧主人、知情者的相关访谈，尽力厘清其历史沿革，然后对其基本布局和造园艺术特色进行论述和分析。此外还对辽、金、元、明、清、民国300多处园林实例进行简略分析。

研究成果一:历史源流研究

北京建城，肇始于周初的燕、蓟，素为北方重镇，自诸侯国都至秦之郡、西汉之封国，东汉、魏晋、北朝、隋唐之州郡，再至辽之南京、金之中都、元之大都、明清之北京等历朝帝都，迄于民国之北平，其间虽然城址代有兴废变迁，却一直是物华天宝，钟灵毓秀之区，文化、经济发达，其私家造园也自有渊源传统，前后相继，在元、明、清各朝均曾出现高潮。本课题组对各历史时期的私家园林发展概况进行了系统的梳理和总结。

研究成果二: 造园意匠研究

所谓"造园意匠"指的是造园过程中所采用的具体手法、技术手段以及意境追求。本课题从选址、布局、建筑、掇山、理水、植物、杂类、匾联、借景等9个方面对北京私家园林的造园意匠和设计理论进行总结，各项内容均达到很高的艺术水平，手法丰富。其选址重视依傍湖泉、借景境外，布局强调严整端庄、中轴均衡并有明确的正厢观念，建筑类型多样但均为北方官式做法，掇山推重湖石却以雄健的青石假山和大面积的土山见长，理水方面在相对缺水的自然条件下既可以营造萦回曲折的复杂水系，又善于因地制宜地开辟一角荷塘，花木以相对朴素的北方品种为主且受气候制约较多，其盆景、碑碣等小品设计精致，匾额和楹联典雅而充满文化底蕴，园林意境深远，充分体现了中国古代造园的卓越成就，对今天的景观建设仍有很高的借鉴价值。

研究成果三：园居生活研究

北京私家园林是京城中上层社会重要的生活场所，园林设计的各个层面均与其主人的游观栖居行为密切相关，尤其明清以后园居活动日益增多，对园林空间的具体功能、环境气氛乃至建筑形式多有影响。历代北京园林非常重视游宴的功能，常在园中的厅堂举办盛宴。许多私家园林同时兼有公共园林的性质，其游宴场面更加热闹。豪门园林则常设看戏的戏楼建筑，此外园林还是举办各种节庆、做寿、婚庆活动的场所。同时，北京的私家园林也经常是文人墨客琴瑟雅集、题诗作赋的主要场所，成为重要的艺术信息载体，形成一种浓烈的文化氛围。私家园林中的各种建筑物除了具有景观意义之外，大多都与主人的起居生活有密切关系，尤其厅堂、寝室、书斋、祠庙等建筑均体现出很强的功能性特征，也会受到北方生活的若干影响，带有较重的居住气息，是四合院空间的一种延续和扩展。

研究成果四：文化内涵研究

北京私家园林是典型北方地域文化的产物，具有大方、沉稳的特点，体现了直爽的民俗与喜欢浓烈对比的欣赏习惯，同时又不乏细腻的艺术性，并独具一种从容、豁达、悠闲的气派。元、明、清三代北京私家园林主要代表是豪门显贵的府园或别墅，带有某种特殊的京官气质，以"富丽"为衡量造园水平的重要标准。这些园林虽是日常游豫之地，也带有一定的庙堂气象，在园林格局上容易表现出端庄严谨有余而灵活飘逸不足的风格。北京的私家园林在表现京官文化的同时，也同样深刻体现出京城士大夫文化的特点，一些文人园林具有淡雅悠远的风格，与江南园林类同。甚至在许多崇尚富贵华丽的王公府园中，也可能在另一些侧面表现出追求风雅清幽的趋向，二者并存，彼此相融。作为天子脚下的京师首善之区，北京私家园林的建筑形式、规模乃至叠山、引水都受到更多的封建等级制约。尤其到了明清时期，随着封建专制的强化，这些规制也更趋于严明苛刻，不但对园林建筑有等级规定，在山水营建方面也有若干限制，特别禁止私自引水。这一特殊的社会条件对北京私家造园有很大影响。历史上有很多因为造园违反礼制而遭厄运的例子，直到清朝灭亡，进入民国后，造园活动所受到的等级制约才逐步瓦解。

北京半亩园旧照

论文：
1. 贾珺. 北京私家园林的匾联艺术[J]. 中国园林, 2008（12）：76-78.
2. 贾珺. 明代北京勺园续考[J]. 中国园林, 2009（5）：76-79.
3. 贾珺. 北京恭王府花园新探[J]. 中国园林, 2009（8）：85-88.
4. 贾珺. 北京西城棍贝子府园探[J]. 中国园林, 2010（1）：85-87.
5. 贾珺, 朱育帆. 北京私家园林中的植物景观[J]. 中国园林, 2010（10）：61-69.

研究成果五：保护策略研究

目前北京旧城区（东城、西城）尚存私家园林（含局部遗迹）29处，海淀区尚存私家园林（含局部遗迹）14处，此外尚有勺园、自得园等少量遗址。本项目均对其保存情况及残损问题做了详细的调研记录。目前大多数园林实例均存在保护不善的情况。本课题组需要遵照《佛罗伦萨宪章》的有关准则，并结合中国和北京地区的具体情况，针对北京现存私家园林的不同状况，提出不同的维修与保护方法。

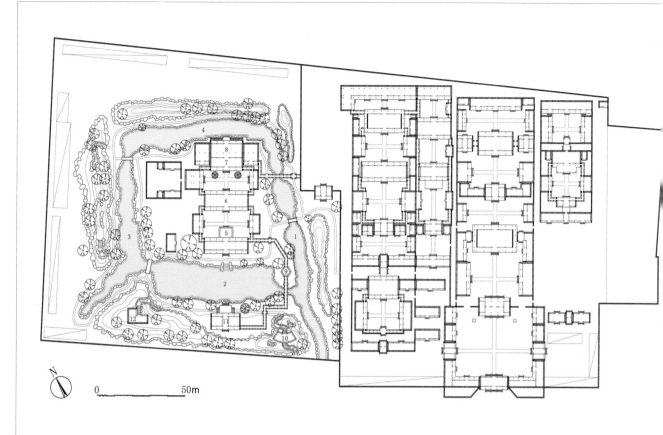

北京醇王府园复原平面图

北京意园石门洞立面图

1.3.2 《颐和园》

作　　者：周维权
出 版 社：台湾朝华出版社
出版时间：1981年
出 版 社：台湾建筑师公会出版社
出版时间：1990年
出 版 社：中国建筑工业出版社
出版时间：2000年8月

　　颐和园是清代皇家园林的代表作品一，也是其中保存得最完整的一座大型天然山水园。本书包括正文、图录和附录三部分，详细介绍了颐和园的园史，总体规划，山、水、植物、建筑选景手法以及景点分析等。对全面了解颐和园的历史具有极大的指导作用。

1.3.3 《中国园林建筑》

作　　者：冯钟平
出 版 社：台湾明文书局
出版时间：1989年
出 版 社：清华大学出版社
出版时间：1988年5月（第一版），2000年2月（第二版）

　　本书较系统地阐述了中国古代园林建筑的历史发展及其时代美学思潮、文化背景的渊源，并结合国内现存的大量实测进行具体分析。

1.3.4 《外国造园艺术》

作　　者：陈志华
出 版 社：台湾明文书局
出版时间：1990年3月
出 版 社：河南科学技术出版社
出版时间：2001年1月（第一版），2013年1月（第二版）

　　本书全面系统地介绍了外国造园艺术的四个主要流派及其代表作品：意大利的文艺复兴园林（附有古罗马园林），法国的古典主义园林，英国的自然风致式园林及伊斯兰国家的园林，阐明了它们所赖以产生的社会，经济条件和当时的历史文化背景，深入分析了各种造园艺术的内在规律，并对中国造园艺术在欧洲的影响作了开创性的穷根究底的研究。本书的精彩之处是关于中国古典主义园林与法国古典主义园林相比较的论述，作者认为对于两个园林体系的比较不应该仅仅局限于园林体系本身特点的比较，而应该放进各自的那个时代背景中去理解二者的区别。作者文笔优美，以轻松风趣的笔调畅谈造园艺术，可谓别开生面。

　　作者以和中国文化接触最多并且引领欧洲的文化思潮的英国和法国为主，阐述了18世纪欧洲造园艺术思潮在中国造园艺术影响下的重大变化。

1.3.5 《中国古典园林史》

作　　者：周维权
出 版 社：清华大学出版社
出版时间：1990年12月（第一版），1999年10月（第二版），2008年11月（第三版）

　　中国幅员辽阔，江山多娇。大地山川的钟灵毓秀，历史文化的深厚积淀，孕育出中国古典园林这样一个源远流长、博大精深的园林体系。它展现了中国文化的精英，显示出华夏民族的"灵气"。它以其丰富多彩的内容和高度的艺术水平而在世界上独树一帜，被学界公认为风景式园林的渊源。

　　本书编写在体例上不采用断代通史的写法，而是把园林的全部演进过程划分为五个时期：生长期、转折期、全盛期、成熟期、成熟后期。好处在于"源"与"流"的脉络较为清晰，前因后果较为明确，读者易于把握到中国古典园林即使在"超稳定"的封建社会的漫长而缓慢的演进岁月中亦非一成不变的情况。

1.3.6 《园林理水艺术》

作　　者：朱钧珍
出 版 社：中国林业出版社
出版时间：1998年8月

　　早在近三千年前的周代，水已成为园林游乐的内容。在中国传统的园林中，几乎是"无园不水"，故有人将水喻为园林的灵魂。《园林理水艺术》一书从中国传统园林理水谈起分别介绍了园林动态水景的各种表现方式和园林理水的艺术手法及园林水旁植物配置的方法，最后通过实例使读者对园林理水艺术有一个感性的认识。本书不仅可作为专业设计者的参考书，也是园林理水艺术爱好者的必读书目。有山就可以登高望远，低头观水，产生垂直与水平的均衡美。有山就有影，水中之影加强和扩大了园林空间的景域，因而产生虚实之美。

1.3.7 《中国建筑艺术全集·皇家园林 》

作　　者：周维权、楼庆西
出 版 社：中国建筑工业出版社
出版时间：1999年5月

　　皇家园林是中国古典园林的重要组成部分。它不仅是封建社会统治者生活和游乐的地方，也是他们实施朝政，行使权力的重要场所。它们的建造花费了大量的人力和物力，因此皇家园林总是反映了一个时代建筑和园林艺术的最高成就。本卷集中介绍了皇家园林的发展历史及现存皇家园林在建筑和园林艺术方面的光辉成就。按北海、紫禁城御花园及宁寿宫花园、承德避暑山庄、静宜园、圆明园、颐和园的次序编排。精选彩色图版210幅，每幅均有简要的文字说明。

1.3.8 《微型园林》

作　　者：朱钧珍
出　版　社：辽宁科学技术出版社
出版时间：2002年1月

　　本书引用微型园林的实例，讲解微型园林的造景手法，微型园林一般具有以下特点：1. 面积小，最大的也只在700平方米左右；2. 园景一般按人的尺度设计，不同于缩影园或"小人国"；3. 人不入内游览，只作为"展品"供观赏，与城市的一般小型园林又有所不同；4. 设计较为精细，各种园林要素的本身与设置也颇为讲究，甚至有一定的主题和寓意，能反映该园的特色与风格；5. 设置地点不限，分布十分广泛，可以说是充塞于人们工作、生活的一切地段与角落的小小园林。园林设计一般也无须经过审批，也不计入城市总体规划的用地中，只是列入所在地点的管辖范围之内，设计与运用均十分灵活。

1.3.9 《中国园林》

作　　者：楼庆西
出　版　社：五洲传播出版社
出版时间：2003年10月

　　中国的造园艺术在世界上有着重要的影响。中国园林独特的空间艺术语言体现了人类与大自然的亲和关系，也反映了中国人对淡泊、宁静和美好生活的追求。本书以图文并茂的形式对中国的园林艺术进行了介绍，阐述了中国园林发展与变迁的历史。评说皇家园林、江南文人园林、寺院园林等类型园林的特色及造园技巧，并结合中国社会和历史发展的背景，讲述园林与传统文化的内在联系，并对造园理论进行了研究。

1.3.10 *Chinese Gardens*
　　　　（《中国园林》）

作　　者：楼庆西
出　版　社：五洲传播出版社
出版时间：2010年1月

1.3.11《园林水景设计的传承理念》

作　　者：朱钧珍
出　版　社：中国林业出版社
出版时间：2004年1月

　　作者将园林水景设计比作一棵树：她的根是中国传统文化和古代园林理水艺术特色；她的源泉是多姿多彩的大自然水态；她的干就是表现各异、姿态万千的水景，如喷涌、垂落、流变和静态的水景；她的叶就是以水为中心元素的其他园林景观，如亭榭、船桥、动植物、驳岸和其他共同构筑园林形象的景观；以独具特色的一古一今两个水景园实例作为我国园林水景艺术之花奉献给读者；最后以一些创新设计实践提出了传统的继承和保持我国园林艺术特色的思考和启示。

1.3.12《园林·风景·建筑》

作　　者：周维权
出　版　社：百花文艺出版社
出版时间：2006年1月

　　"园林、风景、建筑虽然专业所属不同，一些重要的原则却是一以贯之。尤其是在中国传统的园林文化、山水文化和建筑文化，仿佛你中有我，我中有你；它们作为古典文化大系统中的三个子系统，其间的关系至为密切。笔者之所以如此结集——将所收文章分为园林述往、御苑华采、风景情韵、建筑漫笔四组，也寓有凸显此特点之意。"

——《园林·风景·建筑》

1.3.13《中国造园艺术在欧洲的影响》

作　　者：陈志华
出　版　社：山东画报出版社
出版时间：2006年8月

　　本书是作者在"文革"期间起意酝酿并于1978年写就的，建筑史研究中第一部关于园林艺术中西交流方面的著作。1989年收入作者《外国造园艺术》一书由台湾明文书局出版。

　　本书主要讲欧洲人，尤其是英国人，对中国造园艺术的知识和看法，本书插图精美，表现了17～19世纪西方园林在当时的情况，其中有许多铜版画，有些经多次复制虽已不甚清晰，却十分真实。

1.3.14《乾隆御品圆明园》

作　　者：郭黛姮
出 版 社：浙江古籍出版社
出版时间：2007年11月

历史上的圆明园有着一百多处园林景观，从使用功能来看，不仅有临朝理政的仪典性殿宇、日常生活的寝居建筑，还有表示孝悌精神的礼制建筑，书院、书楼、戏台等文化建筑，寺院、庙宇一类的宗教建筑，供帝王考察农情的观稼、验农建筑以及大量的景观建筑，不仅功能性、实用性建筑的数量很大，而且为满足帝王们审美的需求性的建筑类型也很齐全。皇家园林在一般人的概念里，不过是帝后起居生活、游乐玩赏的场所。然而圆明园不仅仅有着多姿多彩的建筑、山水、花木供帝王后妃们享用，还是当时社会历史文化的真实写照，更是帝王审美理想的物化表达，这里不仅有帝后生活的篇章，还反映着帝王治国的理想和方略。如果说"建筑是石头的史书"，那么圆明园便是用园林造就的一部活生生的社会文化史。本书是在清华大学建筑学院"圆明园研究"课题组多年研究成果的基础上完成的。本书所采用的圆明园复原图，也是由课题组的成员辅导本科生和研究生来完成的。

1.3.15《远逝的辉煌: 圆明园建筑园林研究与保护》

作　　者：郭黛姮
出 版 社：上海科学技术出版社
出版时间：2009年8月

本书是关于圆明园建筑、山形、水系特色及变迁史的研究，并结合圆明园的保护问题，探讨了历史园林保护的理念，是圆明园研究领域既有理论价值、又具实践意义的学术专著。本书内容突破以往对圆明园的研究单纯着眼于历史、技术或艺术角度的局限，运用"总体史"的史学研究方法，以新的视角探讨了历史园林发展的诸多影响因素，有所创见地、更全面地揭示了圆明园的辉煌成就，对于深入认识中国古典建筑园林成就和文化遗产保护具有重要价值。作者通过查阅、分析圆明园现存建筑图样（中国古代唯一保存下来的图样性档案，俗称"样式雷"）、清代旨谕档、奏折、做法清册、销算黄册、工程备要等文献档案，考察了圆明园考古遗迹，对圆明园建筑进行了广泛、全面、深入的研究，对圆明园的山水环境演变进行了科学细致的分析对比，对圆明园建设的历史背景、各类建筑的个性以及圆明园所反映的清代中后期中国建筑的发展状况等有诸多新的发现。

1.3.16《北京私家园林志》

作　　者：贾珺
出 版 社：清华大学出版社
出版时间：2009年12月

　　北京是辽金元明清历代都城所在，不但皇家园林鼎盛，而且曾经出现过大量的私家园林，形成独立的造园体系，地方特色鲜明，取得了很高的艺术成就，是中国古典园林的杰出代表。本书是国家自然科学基金和清华大学基础研究基金项目的重要成果，通过大量的现场调研、测绘和文献考据，首次系统、深入地对北京私家园林进行全面的探讨。全书分为三个部分，上卷"综合研究"，对北京私家园林的历史源流、造园意匠、园居生活和文化内涵进行分析论述，并对其保护对策进行探讨。下卷"实例萃编"，对不同规模的36处典型园林实例的建置沿革进行考证，同时对其基本格局和造园特色作进一步的分析；附录"故园钩沉"以辑录古今文献为主、调研摄录为辅的方式对300多座北京历代私家园林进行梳理、考证、记录，以留存历史印记。本书对于建筑史、园林史的研究有较高的学术价值，对北京的古城保护具有重要的参考意义，同时也可为当前的首都景观建设提供一定的借鉴。

获奖：2010年4月获中国建筑学会建筑师分会、中国图书馆学会等5家单位联合颁发的第3届"中国建筑图书奖之最佳史学图书奖"

第三届中国建筑图书评选活动的举行继第十五届紧紧推进，活动旨在评选、推荐建筑类图书，展现中华建筑的独特魅力，弘扬中华民族优秀的传统建筑文化，提高中国建筑出版物在国内外的影响力，进而引起社会各方对建筑事业发展的高度重视。

经出版六家著名专家、学者组成的评委审查执行评选，清华大学出版社出版的《北京私家园林志》（贾珺 著 责任编辑 徐晓鹂、汪苏仁）……

1.3.17《圆明园的"记忆遗产"》

作　　者：郭黛姮、贺艳
出 版 社：浙江古籍出版社
出版时间：2010年12月

　　圆明园作为帝王居住理政的场所，设置了专有的设计机构，这个机构的名称为"样式房"，其负责者被称为"样式房掌案"。身为皇家第一园的特殊地位，使得与圆明园有关的记录从此丰富起来。根据已知档案来看，圆明园的建设几乎年年都有而且改建频繁，情由各异。但是留在奏案和活计档册中的文字记载，对于园林空间形象的表述并不是很完整。按比例绘制的样式房图纸作为工程实施过程中的资料实录，记录下了大量文献缺载的营建信息，并已多次由考古挖掘证明具有很高的真实度，为我们了解圆明园的真实空间形象提供了准确依据。圆明园的个体建筑不但出现了许多史无前例的形式，而且各个景区的建筑群设计立意非凡，有的体现着儒家伦理型文化特点，有的表现出平等简素的审美理想，有的具有世外桃源的生活情趣，有的富有宁静祥和的环境氛围。

1.3.18《金陵红楼梦文化博物苑》

作　者：吴良镛
出 版 社：清华大学出版社
出版时间：2011年7月

　　本书对南京"金陵红楼梦文化博物苑"工程的策划、文化研究、设计推敲和
实施过程及相应成果进行了详细回顾。该项目具有深厚的文化背景，涉及江宁织
造府、曹雪芹、《红楼梦》等内容，又需满足现代博物馆的诸多功能要求，被称
为"最优越的条件，最艰巨的设计任务"。

　　经过反复讨论和方案比较，确定了"两种模式"和"三个世界"的设计理
念。"两种模式"即是现代外壳、传统内核的"核桃模式"和将自然架于建筑托
盘之上的"盆景模式"。方案是这两种模式的融合，以南京自然之山水为背景，
整个建筑形成这大山水格局下的都市盆景。主体建筑采用现代风格，比拟托盘，
将传统园林层层叠叠立于其上，形成立轴山水之盆景，也是红楼梦文化的缩影。
而主体建筑本身也是一容器，其核心部分是围绕下沉庭院中曹雪芹雕像展开的南
京康乾盛世画卷。这两种模式的融合围绕着"历史世界—艺术世界—建筑世界"
的整体创造，希望能够体现这座建筑的独特意境，并显现出南京历史文化中心特
有的艺术特色。

1.4 近代园林历史与理论

1.4.1《中国近代园林史》

作　者：朱钧珍
出 版 社：中国建筑工业出版社
出版时间：2012年3月

　　《中国近代园林史》汇聚了园林界数十位专家，历时四年半，以查阅资料、
现场调研为基础编写而成，填补了中国近代园林理论与实例研究的空白。全书分
上下两篇，目前，该书上篇已由中国建筑工业出版社出版，上篇详尽地介绍了中
国近代园林的概况、特色与风格，选取了不同类型的园林进行研究，其中包括城
市公园、学校园林和别墅群园林，并介绍了中国近代人物的园林理念与实践，最
后介绍了近代历史题材的挖掘、保护与发展，资料翔实珍贵，有很高的研究和参
考价值。

1.4.2《南浔近代园林》

作　　者：朱钧珍、沈嘉允、邬东璠
出 版 社：中国建筑工业出版社
出版时间：2012年3月

南浔位于中国的太湖之滨，是丝绸之府湖州市东部的一个古镇，始建于1252年的南宋时期，建镇之始便富甲江南，到了近代（1840 —1949年），更由于辑里丝的盛名，而成江南雄镇。南浔生产的辑里丝，在1851年英国伦敦第一次世界博览会上获得高度赞赏；南浔以经营辑里丝而形成了一个以"四象八牛七十二黄金狗"为代表的丝商群体（用动物大小比喻财富的多少）；以开明的思想、开拓的精神和开放的胸怀，在上海开埠时期，成为中国民族工业发展的先驱，并以极大的财富支持了中国的辛亥革命；南浔可谓经济繁荣、文化昌盛，有名人辈出、走向世界的"中国近代第一镇"之美誉。而园林建设方面，南浔开启了私人园林西化意境之先声，创造出了一种中西合璧风格的新典型，继承了崇文重教的传统，并将藏书、雅集文化充实于具有田园及乡土风韵的园林之中。本书在阐述南浔近代园林发展背景的基础上，对其现存的小莲庄、藏书楼、颖园、述园以及历史上曾经辉煌的宜园、适园、留园、东园等代表性园林进行了详细介绍和分析，并进一步对南浔近代园林的置石掇山、中西合璧风格及园林文化进行了专项探讨。此外，本书还收录了部分清华大学建筑学院对南浔近代园林的测绘成果。

1.5 风景园林教育

教育与学术研究是一个相辅相成的过程。清华大学风景园林的实践与研究始终坚持直面人居环境领域中重要、实际和紧迫的问题，也始终坚持在实践中总结理论并引入课堂，在教学与科研中探索新知以推动实践的互动过程。

2003年建立景观学系之后，在首位系主任劳瑞·欧林（Laurie Olin）教授的开创和继任者杨锐教授的拓展下，景观学系逐渐建立起崭新的、完整的教学体系。这一教学体系以景观规划设计studio为核心，加之自然科学、景观历史与理论、景观技术而构成4大板块；从本科培养的"入门课程阶段"、到硕士培养的"全面训练阶段"、"职业后提高阶段"、到博士培养的"综合研究阶段"等4大阶段的完整体系。建立了"学科融贯，知行兼举"的课程体系，确立了"多尺度、公共性"的学科发展方向，形成了学术历史悠久、理论实践并重、学科交叉融贯、国际交往密切的办学特色，始终践行着"东西融通，新旧合治"的核心教育理念。这一教学体系在近年实施中得到不断完善，逐渐形成了具有清华景观特色的"领导型人才（Professional Leaders）"培养模式，也为我国风景园林教育，尤其是研究生教育开辟出了一条切实可行的道路。

近年来，清华大学建筑学院景观学系在风景园林教育方面的探索还表现在对风景园林学科发展的敏锐关注、对建立风景园林学术共同体的持续努力。在风景园林学申报成为一级学科的过程中，作为召集人和主要执笔人的杨锐教授与论证小组的同事一起，七易其稿完成了《增设风景园林学为一级学科论证报告》，把脉全国风景园林学科发展状况，提出"风景园林学是承载人类文明尤其是生态文明的重要学科，在资源环境保护和人居环境建设中发挥独特而不可替代的作用"。"中国的风景园林学科已经成为以户外空间营造为核心内容，以协调人和自然关系为根本使命，融合工、理、农、文、管理学等不同门类知识和技能的交叉学科"等重要论断，并协调建筑学和风景园林领域全部20位院士、40所建筑和艺术院校院长分别签署联名支持信，为风景园林学成功申报一级学科做出了历史性贡献。作为高等学校土建学科教学指导委员会风景园林学科专业指导委员会主任委员，杨锐教授立足于清华景观学系的人才培养，在推动全国各高校形成风景园林学术共同体的进程中迈出了坚实步伐，先后提出了风景园林学所面临的人类文明生态转向、气候变化和环境问题、全球化和本土化、快速城市化、物欲膨胀下的精神需求等5大机遇与挑战，提出了风景园林学的"时代性"和"中国性"、建立以"山水思想""环境伦理学""社会伦理学"为基础的学科价值观、理论争鸣和学科范式，强调了保护性实践的重要性。并在近期提出了21世纪中国需要的是以资源、环境和遗产保护为优先目标，能直面城市问题，具有广泛的公众参与和公众教育性质，支持循环经济和绿色产业，能作为人类精神家园和地域文化载体的风景园林学。

论文：
1. 劳瑞·欧林,杨锐. 在清华大学景观学系建系庆典上的讲话(2003年10月8日)[J]. 中国园林,2004,(8):28.
2. 杨锐. 融通型 互动式 多尺度 公共性——清华大学风景园林教育思想及其实践[J]. 中国园林,2008,(1): 6-11.
3. 赵智聪,杨锐. 清华大学"景观规划设计"硕士研究生设计课程评述[J]. 风景园林,2006,(5):30-35.
4. 杨锐,王川. 清华大学景观规划与设计课程中学与教关系的探讨——以首钢二通更新改造景观规划Studio为例[A]//孟兆祯,陈晓丽. 中国风景园林学会2009年年会论文集[C]. 北京：中国建筑工业出版社,2009.
5. 杨锐. 风景园林学的机遇与挑战[J]. 中国园林,2011,(5):18-19.
6. 杨锐. 文明转向与风景园林的使命[J]. 风景园林,2010,(3):124.
7. 杨锐. 三问风景园林学术共同体[J]. 中国园林,2011,(2):29.
8. 增设风景园林学为一级学科论证报告[J]. 中国园林,2011,(5):4-8.

学术报告：
杨锐.21世纪的中国需要怎样的风景园林学.2013年4月24日,北京大学.

2 园林与景观设计

2.1 综 述

作为风景园林一级学科下属的二级学科（或方向），园林与景观设计被定义为营造中小尺度室外空间环境的应用性学科，是风景园林学科核心组成部分；它以满足为人们户外活动的各类空间与场所需求为目标，通过场地分析、功能整合以及相关的社会、经济、文化与生态因素的研究，以整体性的设计，创建健康和优美的户外环境，并给予人们精神和审美上的愉悦；研究和实践领域包括公园绿地、道路绿地、居住区绿地、公共设施附属绿地、庭园、屋顶花园、室内园林、纪念性园林与景观、城市广场、街道景观、滨水景观，以及风景园林建筑、景观构筑物等方面。

园林与景观设计之所以重要，是因为它始终是风景园林大学科形成的基石。也许当人类第一次把自身命运和天象相联系并通过地理的方式表达出来时，景观设计便已经出现了，而园林则一直是人类内心世界追逐美好梦想的非常特殊的一种外部写照，一旦条件合适，它就会有个性、多样和充分的表现，因此说园林与景观设计所涉及的内容历史非常悠久，上至古埃及就有明确经过设计的宅园的图文记绘存世，在人类发展的历史长河中园林（garden）文化和艺术逐渐成为各种地域文明的精髓，相应的造园理论也层出不穷。发展到17世纪欧洲出现了像勒诺特（1613-1700）这样影响力巨大的且作为独立职业出现的园林设计师，中国也有张南垣（1587-1671）这样的造园巨匠出世；19世纪后半叶经历过工业革命洗礼后的欧美园林景观设计领域的重点逐渐由专属性转向公共性，专业领域也向宏观和系统化方向拓展，1900年哈佛大学设计研究生院开设全美第一门Landscape Architecture专业课程，并首创四年制Landscape Architecture专业学士学位，宣告了现代专业的职业教育正式确立。

新中国风景园林教育始于1951年的清华大学建筑系和北京农学院园艺系合办的造园组，遗憾的是由于历史的原因，风景园林专业教育和实践的主体没有在清华大学建筑学学科体系内得以延续，专业教育和研究成果是分散的，多基于教师自身的兴趣和研究领域的相关性，但仍旧保持了极高的专业水准，如周维权先生的中国古典园林研究，汪国瑜和单德启先生景观性很强的地域主义建筑设计实践，而吴良镛先生更是从大学科视角整合风景园林专业进入广义建筑学学术框架体系（1989年）。

1997年清华大学建筑学院组建景观园林研究所是清华景观复兴的一个重要标志，孙凤岐（1997年）任所长，研究所成员有章俊华（1998年）和朱育帆（2000年），清华景观重新以一个专业团队的方式出现，风景园林在学科发展中的重要性重新被建筑学院所认识。三位老师在园林与景观设计学科方向开设理论和设计课程，培养硕士博士研究生，同时从事设计实践，至2003年景观学系成立，孙凤岐先生致力于城市公共空间设计理论与实践的探索并完成了清华前3名风景园林学方向博士的培养，章俊华完善了景观设计调查分析法的理论体系，开始了设计师事务所的实践，完成了推动中国设计行业发展的数本译著；朱育帆则完成了北京金融街北顺城街13号四合院改造和清华大学核能与新能源技术研究院中心区景观改造（2001年）两项重要设计作品。2001年建筑学院组建资源保护和风景旅游研究所，清华景观教学研究机构实际上覆盖了景观规划和设计两个核心领域，为建系打下了良好基础。

2003年10月是清华大学风景园林学科发展史上极为重要的一页，建筑学院景观学系成立，美国风景园林界重量级人物劳瑞·欧林先生受聘第一届系主任，并负责组建国际讲席教授团授课。作为中国风景园林史上第一位外籍系主任为清华乃至中国风景园林教育做出的最大贡献是确立了全新的教学体系（这个教学体系在继任者杨锐教授的后续修正中更趋完善）。成立景观学系之前清华景观硕士研究生培养执行的是三年学制，课程体系中没有专门的规划设计课，研究生通过提交学位论文的形式获得学位，论文选题多是看重理论性和研究性，忽视应用性。这种培养方案学生和导师之间关联更为密切，学生之间尤其是不同导师的研究生之间机制上横向联系匮乏。欧林曾任哈佛大学设计研究生院（GSD）景观系系主任，宾夕法尼亚大学（UPEN）景观系终身教授，执掌景观学系之后引入了美国MLA职业教学理念和体系，服务对象面向社会应用的职业需求，首先将学制变为国际职业教育通用的两年，分设计型和理论型两种，这个学习周期决定了清华景观硕士研究生培养的定位不再倾向研究型，从研究生分布来看，除了争取推免博士等情况绝大多数学生选择了设计型硕士研究生培养方案，映证了清华风景园林价值取向的悄然转变。设计型硕士研究生教学的特点是课程体系围绕系列设计Studio为核心展开，系列Studio包括中小尺度的景观设计和大尺度的景观规划，Studio强调的是设计者之间的合作、交流和碰撞。非常关键的是系列设计Studio并不是封闭的课程，而是一个开放的课程，它向自然科学、历史理论、景观技术的板块开放。更重要的是Studio面向当代中国的社会问题和需求，公共性、生态性和棕地修复等类型选题成为必然的研究对象。

值得注意的是原本强调大尺度综合性的景观规划Studio则转向了全尺度的理念，重要的标志是强调了小尺度表达内容的必须性（而景观设计Studio也尝试向大尺度综合性领域进行探索）。从学位论文分析，论文包括6张A0设计图纸和设计论文两个部分，无论选址面积大小，问题综合性强弱都强调了设计层面的节点表现的必要性。不仅仅是学生层面，景观规划的老师也开始注意将设计实践作为规划理念传达的重要佐证。

清华景观教育的革新顺应了中国社会职业化教育的需求和趋势，在建筑学院随后进行全面职业化教育改革时，景观学系由于先行而几乎做到了教学体系的无缝衔接。从某种程度上讲，清华景观的教育变革客观上再次强调了园林与景观设计学科的核心性，设计学科是一个带动轴和整合轴，它把科学技术、艺术与社会发展通过创造性的方式整合在一起。

对于园林与景观设计学科，教师设计实践尤其是建成作品的质量和影响力是非常重要的评价指标。劳瑞·欧林是蜚声国际的景观设计大师，半个世纪的从业经历和丰富多样但尽显沉稳低调的设计作品陈述着他的设计思想和理论并通过言传身教潜移默化地影响着清华景观年轻教师的设计理念。

应该说清华景观学系建立后设计学科的真正崛起与2008北京奥运会的举办密切相关。2003年与景观学系教师密切关联的原北京清华城市规划设计研究院（现北京清华同衡规划设计研究院）通过与美国Sasaki设计公司的合作成功地全面介入奥林匹克公园的景观规划设计实践当中，其中胡洁团队领衔完成的7平方公里北京奥林匹克森林公园的建设取得了空前的全方位的成功，也获得了巨大的影响力。继奥森之后胡洁将建成设计的尺度逐渐放大达到了城市的级别，陆续完成了铁岭新区景观和唐山南湖生态城核心区综合规划设计等重要设计实践，并尝试确立当代"山水城市"新的概念和内涵。这种实践拓展为清华景观打开了一个全新的窗口，这个窗口的基本特点是"大尺度景观的高效实现"，一个是相对于传统概念的尺度巨大，另一个是整体性高效建成。设计实践的尺度大到一定程度问题的复杂综合程度非中小尺度同日而语，胡洁较好地平衡和填补了这种规划和设计尺度之间的空隙，规划院企业团队和整合清华跨学科优势资源所搭建的技术平台为这些大规模规划设计项目的有品质实现提供了有力保障，同时也衍生出更多交叉的新领域（如大尺度特殊的工程技术），带动了学科多层面的发展。另外，大尺度的实践本身在生态上便更有说服力，如果一个景观系统的建立与一个城市或城区的人居环境高产生效的整体关系同时被持续验证和批判，那么这种模式将更具意义。当然这种实践模式的基点也充满了中国特色，它适应了当代中国快速城市化发展的需求，在世界上也是独一无二的，一系列的国内外奖项证明它已经获得了风景园林界的高度认可。

与大景观方向拓展对应的是清华园林与景观设计学科另一支脉络的发展，即朱育帆在中小尺度的设计学层面的深度拓展。朱育帆具有个性的设计实践始于2000年，通过金融街四合院改造和清华大学核能院中心区景观改造两个项目初步形成自身当代景观设计语言，此后香山81号院景观设计(2006年)、北京CBD现代艺术中心公园(2007年)的设计实践在此基础上进一步发展和完善了语言体系，青海原子城爱国主义教育基地景观设计(2009年)则在批判性地域主义景观设计上进行了深度探索，设计语汇上也增加了新的维度，同时在现代中式住区景观设计领域展开了系列实践，至上海辰山植物园矿坑花园(2010年)形成了独特成熟的设计风格，这些项目通过发表专业论文和在国际国内获奖的方式在业界获得了持续和广泛的影响力，成为当代中国景观设计实践的代表作品。朱育帆的设计实践还走出风景园林界在设计界获得广泛声誉，2010年获邀参加威尼斯建筑双年展，2012年矿坑花园获得第一届中国设计大展优秀设计奖。对于设计品质的不懈关注和高品质作品的陆续建成使得设计理论的探索获得了直接而有力的支撑，朱育帆在设计实践中注意到了场地精神延续的途径在于深刻挖掘场地原题和设计之间的结构关系，尤其是重视场地原有信息的结构性价值。2007年提出"三置论"，2010年提出"设计景深论"，包括通过设计研究（RTD）的理论探索，这些理论应对了西风盛行的当下中国景观设计在文化传承方面的困惑，试图探索可行的设计理论依据，它们的共同基点是针对设计师思维方式特点的设计学本体研究。

罗·亨德森（Ron Henderson）是清华景观学系另一位重要的教授设计的教师，作为劳瑞·欧林讲席教授团聘请的第一批访问教授，罗·亨德森于2004年来到清华大学，后留校聘用，成为景观学系第一位全职外籍教师，讲授景观设计Studio和景观技术课程。拥有建筑学和风景园林学两个硕士学位的亨德森十分钟爱亚洲文化（尤其是中国和日本），语感上特殊的敏锐性以及平和的心态让他可以认真聆听异域文化的特质并将其转化到设计中，成为东西交流名副其实的桥梁。正因为在中国和日本特殊而丰富的职业经历，2011年亨德森被宾夕法尼亚州立大学艺术学院景观系聘任为系主任，离开清华后亨德森继续积极为两校景观系架设沟通桥梁。亨德森拥有出众的艺术设计天赋，其设计实践在美国获得较大成功，屡获美国各种景观设计奖项。其中在波士顿伊莎贝拉·斯图尔特园丁博物馆花园项目中与建筑大师洛伦佐·皮亚诺合作，与建筑师Wodiczko+Bonder合作的法国兰特废除奴隶制纪念园获2013年欧盟当代建筑密斯·凡德罗奖入围奖，均展现出高超的设计水准。亨德森将自己在设计上细腻的情感表达通过景观设计工程技术课程和设计Studio课程传授给学生。

值得一提的是，清华大学建筑学院景观学系风景园林规划方向无论从教学还是教师具体的实践均保持了全尺度

探索的可能性，如刘海龙在清华大学胜因院环境整治的设计实践实现了雨水花园与历史人文相结合的景观设计理念，堪称中国生态设计的代表作之一。

另外值得提及的是日本千叶大学园艺学院的章俊华在清华大学任教期间（1998～2004年），将佐佐木叶二、三谷徹、枡野俊明、长谷川浩己等日本著名设计师的设计作品高质量地引入中国，对于当时正值中国经济开始高速发展，相应的大规模职业实践需要当代设计指引的中国风景园林设计界而言无疑是雪中送炭，影响相当深远，客观上讲直接带动了中国设计市场。作为中日风景园林界之间名副其实的桥梁，章俊华也是中国风景园林教师中最早一批进行设计师事务所实践的老师，并在复合的定位下逐渐找到自己的设计语言，如今已经成为当代风景园林设计界一位具有国际影响力的设计师。

清华大学的建筑设计创作也延续了在景观建筑中屡有建树的传统，其中建筑系李晓东教授设计的云南丽江玉湖完小、淼庐、篱苑书屋、福建平和县桥上书屋和小学等一系列小型建筑创作因其与环境的完美和谐共生荣获无数设计奖项；重视设计的景观性、能动地寻求与环境的关系已经成为当代建筑设计的趋势，如张利教授在玉树新赛游客中心的建筑设计；而王丽方教授则直接在清华校园的改造过程中直接主持了情人坡等处的景观设计创作并获得成功；建筑师通过高超的设计技术建立建筑、人与环境沟通的方式为景观设计提供了优秀的借鉴。

清华大学2003年以后的园林与景观设计学科在教学、实践和理论上的发展之路可以用"上下求索，笃行明理，东西融汇"来概括。当代中国的发展模式在全世界没有可遵循的先例，先笃行后明理，在实践中获得理论真知，是一条切实可行的途径；同时清华园林与景观设计并不满足于传统学科遗产的馈赠，而是在学科的深度和广度中进行了有效探索；景观系教师的国际化背景和视野使得他们的设计实践可以站在更高的层面使作品具有当代性。当然，清华景观学系成立刚刚十周年，在很多方面的积淀还很薄弱，尤其突出的是在设计理论体系建设中的匮乏和不足，清华风景园林设计人尚需不断努力。

朱育帆

2.2 古典园林文化传承

2.2.1 孔子研究院

项目面积：建筑面积36000平方米，建筑外环境面积约4公顷
建成时间：1999年9月
总建筑师：吴良镛
园林设计：朱育帆

孔子研究院坐落于曲阜城万仞宫墙南约800米处大成路的西侧，南临小沂河公园，与东侧的论语碑苑结合在一起，构成与孔庙南北对应的城市格局。研究院占地9.5公顷，建筑面积36000平方米；其中一期工程占地6公顷，建筑外环境面积约4公顷。研究院于1996年9月28日举行了奠基仪式，一期工程主体建筑及辟雍广场已于1999年9月26日纪念孔子诞辰2550周年之际基本建成。

孔子研究院也相当于古代"书院"，取意其"近山林，择胜地"，为的是"畅适人情"，即要有生活气息；有山有水，"山端正而出文才"，"水清纯，涓涓不息则百川归海，无不可至"，也象征孔子"知者乐水，仁者乐山"之意。在设计中，结合风水理论构思：在建筑群的西北部叠山，以象征孔子诞生地"尼山"，上立"仰止亭"。南部面临小沂河对岸，即市政府大楼北面堆土山植树，象征"案山"，在孔子研究院正南轴线的案山上建对景建筑以象征"杏坛"。并在案山之北坡结合山形建半圆形露天音乐台。

论文：
吴良镛，朱育帆. 基于儒家美学思想的环境设计——以曲阜孔子研究院外环境规划设计为例. 中国园林，1999(6):10-14.

获奖：
2007年4月获中国建筑学会颁发的建筑创作优秀奖

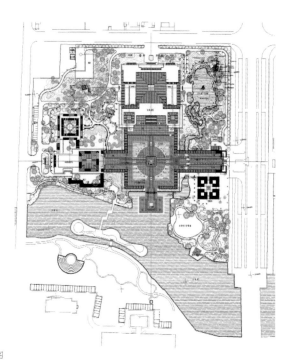

总平面图

孔子研究院

建成照片——庭园

建成照片

2.2.2 南通博物苑

项目面积：总用地面积7.55公顷，其中历史保护区占地2.5公顷；南通
        博物苑新馆总建筑面积6393平方米，地上2层建筑面积4248
        平方米
建成时间：2005年
总建筑师：吴良镛
园林设计：朱育帆

南通博物苑系我国著名教育家、实业家张謇先生于1905年创建，是中国人自己创办的最早的博物馆，苑内设天文、历史、美术、教育四部，是一个"园馆一体"的城市园林式综合性博物馆。

新馆选址在人民公园西南，规划布局避开旧馆，又不截然分开，在建筑总体布局中，突出了两条南北向轴线，一为原有旧馆的北馆－中馆－南馆，作为东轴线，将新馆之生物馆安排在东轴线南端，一为濠南别业轴线向南延伸，作为新馆的建筑中轴线，直至拟新辟的南大门，向南延伸至"东寺"为对景。由于旧馆无论北馆、中馆、南馆建筑体量均不大，因此新馆建设控制体量采用与"中馆"大小相当的"亭"式建筑(pavilion type)为建筑群组合基本单位。新老建筑互为交织，相得益彰。

设计中旧馆庭园基本保持旧貌，但加以精心培护，使其更为洗练。旧园及人民公园及南通图书馆部分共有各类树木约500株，新的规划设计中均最大限度予以保留。在博物苑进门入口处有一高耸的有500年树龄的银杏树，规划布局之初即考虑将之作为建筑群不可分割的组成部分，在浓荫下将形成难得的入口庭院，参观者在此院内沿浅水池东望，张謇亲笔写的咏博物苑诗篇刻于白石墙面，成为博物苑母题。入口平台妙趣天成，作为面向四方的通透空间，有"灵气往来"之感。整个庭院以植物园、动物园为主，以便参观者"认识鸟兽草木之名"。

博物苑东连濠河沿岸风光带，建筑让出一条"文博景廊"，宽窄不一，苑内外以铸铁空花墙相隔，建筑面向文博景廊开辟文物商店等为市民服务，纳博物苑、濠河景光于一体，南通市民可以沿河漫步欣赏博物苑内外风光，博物苑也成为城市步行者漫游观赏系统的一部分。

获奖：
2004年北京市建筑设计研究院方案设计一等奖

南通博物苑透视草图

总平面图

建成照片——南通博物苑入口全景

建成照片——北侧全景

2.2.3 南京江宁织造博物馆

项 目 面 积：博物馆占地面积为1.8万平方米，总体建筑面积3.5万平方米
开 馆 时 间：2013年
总 设 计 师：吴良镛
项目负责人：吴良镛、王贵祥、何玉如
园 林 设 计：朱育帆

该博物馆涉及江宁织造府、曹雪芹、《红楼梦》等诸多方面的内容。在这些历史文化事件的发生地修建一座博物馆，确是一件非常有意义的事情。这座博物馆所在位置正是南京这座世界名城六朝建康时的核心地段，且据考证位于原江宁织造府的西花园位置。对设计师而言，这些不可不谓优厚的条件。但是，各种复杂性和偶然性也接踵而至。由于历史变迁，如按照有些红学家的主张复原织造府已无可能，也没有意义。与此同时，《红楼梦》是一个涉及很多方面的文学巨著，对《红楼梦》的研究，学界也有不同的观点，包括曹雪芹的生卒年代等都是其说不一，对于博物馆建设又有各种见解。

在整个设计过程中，设计团队经过了反复的讨论与方案比较，提出了"两种模式"和"三个世界"的设计理念。所谓"两种模式"即是现代外壳、传统内核的"核桃模式"和将自然园林架于建筑托盘之上的"盆景模式"。最终的方案是这两种模式的融合，以南京自然之山水为背景，整个建筑形成这大山水格局下的都市盆景。主体建筑采用现代风格，比拟托盘，将传统园林层层叠叠立于其上，形成立轴山水之盆景，这也是红楼梦文化的缩影。而主体建筑本身也是一容器，其核心部分是围绕下沉庭院中曹雪芹雕像展开的南京康乾盛世画卷。这两种模式的融合围绕着"历史世界—艺术世界—建筑世界"的整体创造，希望能够体现这座建筑的独特意境，并显现出南京历史文化中心特有的艺术特色。

博物馆占地面积为1.8万平方米，建筑面积达到了3.5万平方米，却并没有像其相邻建筑那样，以硕大的体量或高耸的形式而挤压城市空间，反而为繁华都市平添了一掬绿色。从内容到形式都是立足于南京本地的历史地理条件，以地方固有的文化内涵作为创作之契机，旨在既切合主题，展现人文，适应人情，当新则新（如立面运用钢结构，现代表层技术，并采用照明技术来表现云锦装裱等手法）；又不怕被人讥为"泥古"（如对待西园、大观园、织造府这样的历史点题，又何必忌用

历史建筑的符号），其风格所尚，是在现代建筑的意蕴之上，运用历史主义的手法，表述地域主义的话语。在这全球化、跨文化的大时代，国际建筑师纷纷到我们东方来抢滩，作为历史文化名城的南京，我们为什么不能够尝试运用一点新时代的、中国的、具有地方主义与历史主义的中国元素结合西方现代建筑理念，通过这种前所未有的新模式，来立足于这一国际化的跨文化的形象世界之中呢？

曹雪芹雕像

著作：
吴良镛. 金陵红楼梦文化博物苑[M].北京：清华大学出版社，2011.

 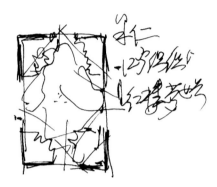 

核桃模式

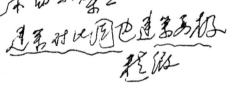

 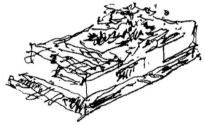 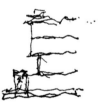

盆景模式

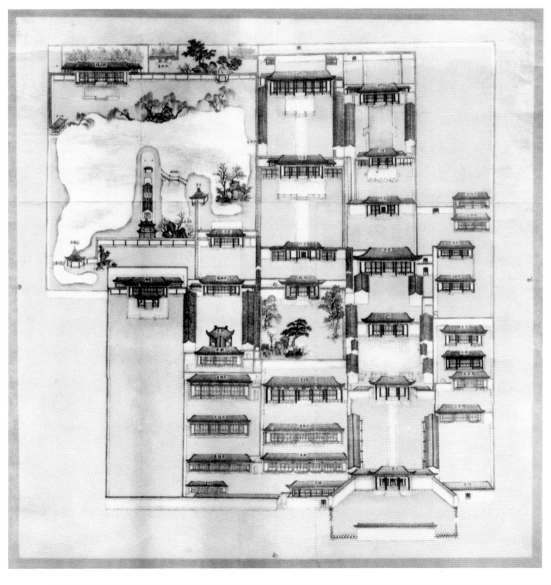

样式雷图

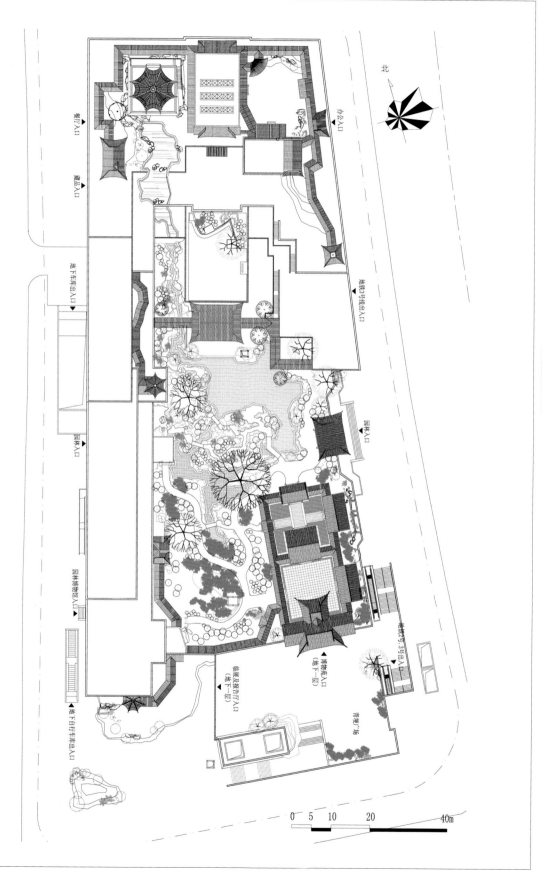

北

餐厅入口

藏品入口

地下车库出入口 ▶

园林入口

园林博物馆入口 ▶

地下自行车库入口 ▶

办公入口

地铁3号线出入口

园林入口

地铁29、39号出入口
（地下一层）

博物馆入口
（地下一层）

临展及报告厅入口
（地下一层）

市政广场

0 5 10   20   40m

总平面图

建成照片——庭园

建成照片——博物馆建筑

建成照片——园林水景

建成照片——
东南部院落中的戏台空间序列

2.2.4 《移天缩地——清代皇家园林分析》

作　　者：胡洁、孙筱祥
出　版　社：中国建筑工业出版社
出版时间：2011年9月

　　本书将中国古典园林分为六种类型：1.帝王宫苑；2.帝王陵园；3.寺庙园林；4.第宅园林；5.名胜园林；6.文人园林。这六类园林中，成就最大的为帝王宫苑和文人园林。这两类园林，其造景手法、艺术情趣和意识形态迥然不同。本书就帝王宫苑的艺术特征、文人园林的艺术特征，古典文人园林对北海神山仙岛（琼华岛后山）的艺术影响，清代帝王宫苑中仿造的文人园林与江南文人园林及帝王宫苑传统园林艺术的比较等内容作了论述。并倡导学习中国园林艺术优秀传统，创作具有时代精神风貌的新型园林。

2.2.5 *The Splendid Chinese Garden – Origins, Aesthetics and Architecture*
（《灿烂的中国古典园林——起源·美学·建筑》）

作　　者：胡洁
出　版　社：上海新闻出版发展公司
出版时间：2012年8月

　　中国园林具有悠久的历史、独特的民族风格和高度的艺术成就，享有"世界园林之母"的美称，并对西方的造园艺术产生深刻的影响，在国际上享有崇高的地位，它是中国珍贵的物质和文化遗产和重要的旅游资源。中国人信奉"天人合一、顺应自然"，中国园林是一种自然山水式园林，它的基本特征是追求天然之趣。它把自然美和人工美高度地结合起来，把艺术境界和现实生活融合于一体，形成可坐、可行、可望、可居、可游的"虽由人作、宛自天开"的诗画空间。本书从三千年前的中国造园历史讲起，首先分别对奴隶社会、秦汉时期、魏晋南北朝、隋唐、宋辽金元明清不同时期中国的古典园林类型和实例进行了梳理和分析；在本书的第二部分论述中国古典园林独特的文化内涵，如一池三山、世外桃源、曲水流觞等等，以及园林与绘画、诗歌、哲学的千丝万缕的联系和在这些艺术门类的影响下形成的天人合一、巧于因借、因地制宜的造园思想；第三部分具体论述了造园的传统技艺和手法，从园林布局、叠山、理水、植物设计、建筑营造等方面分别进行了分析；最后，本书梳理和介绍了中国南北方著名的古典园林。

2.2.6 *The Gardens of Suzhou*
(《苏州园林》)

作　　者：罗·亨德森
出 版 社：宾夕法尼亚大学出版社
出版时间：2012年9月

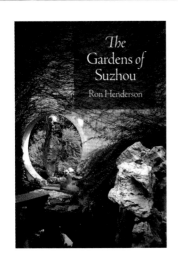

The Gardens of Suzhou一书向非中国游客展示了苏州园林和与之相关的文学和音乐。作者凭借多年的亲身经验和研究，结合历史与个人对每座园林空间组织如假山、建筑、植物和水的见解而写作。全书配以重新绘制的平面、地图和原始图片。*The Gardens of Suzhou*满足了普通游客、园林学者和设计专家的需求，对它的介绍拓展了对中国古典园林杰作介绍的英文文献量。新的平面和黑白照片增强了文字中所描述的视觉和空间知识。园林被重新诠释，区别了常规和特殊之处，一般性和独特性，细小和庞大。园林被表现成为宜居环境，是将诗歌、典故里的叙述以某种方式释放出来的景观设计，景观设计是为了创造园林的空间组合、地形活泼、序列丰富与城市生态。与能在亚洲找到的其余著名的宗教和皇家园林不同，苏州园林是匠人和文人基于中国丰富的视觉和文化传统基础上设计的，文化深深地植入到景观设计中。每座园林都有一系列的主题和特定的观景点让人们驻足观赏，增加了园林的感官同时也增加了惊人、清晰的园林体验。让游客面对被推到前景并进行压缩和紧凑的石、树和墙，好似一只大手，聚拢了多悬崖峭壁的山岩，森林和溪水，然后挤压它，直到整个区域变成一个适合的小的城市花园。*The Gardens of Suzhou*是2012年宾夕法尼亚出版社出版的由约翰·狄克逊亨特编著的景观系列丛书"Penn Studies in Landscape Architecture"（宾夕法尼亚大学景观研究）之一。该系列书致力于研究和推广广泛多样的景观方法，建立理论和实践之间特殊的联系。

2.3 "新山水城市"实践

2.3.1 北京奥林匹克森林公园规划设计

项目面积：680公顷
建成时间：2008年7月
设计人员：胡洁、吴宜夏、吕璐珊、朱育帆、姚玉君、韩毅、张洁、
　　　　　张艳、刘海伦、高政敏、苏兴兰、孙宵茗、郭峥、朱慧、
　　　　　赵婷婷、赵春秋、赵兴

北京奥林匹克公园位于北京市市区北部，城市中轴线的北端，是举办2008年奥运会的核心区域，集中了奥运项目的大部分主要比赛场馆及奥运村、国际广播电视中心等重要设施。其中，南部是奥林匹克中心区，集中了国家体育场、国家游泳中心、国家体育馆等重要场馆；北部规划为奥林匹克森林公园，占地约680公顷，将成为一个以自然山水、植被为主的，可持续发展的生态地带，成为北京市中心地区与外围边缘组团之间的绿色屏障，对进一步改善城市的环境和气候具有举足轻重的生态战略意义。作为奥林匹克公园的重要组成部分、北京市最大的公共公园，森林公园的景观规划与景观设计备受社会各方瞩目。

与历届奥运会奥林匹克公园选址不同的是，北京城市的传统中轴线将贯穿整个奥林匹克公园。北京城被称为人类历史上城市规划与建设的杰作。天坛、天安门广场、紫禁城、景山，贯穿了北京城中轴线的始终，气势磅礴，形成了城市建造史上最伟大的轴线。中国历史上的大规模城市规划多采用规则式棋盘状布局，体现了对秩序的追求；而城市的园林部分多采用自然式空间格局，体现人与自然的和谐统一，表达了对自然的尊重。北京奥林匹克森林公园总体规划在满足奥运会场馆功能基础上，给予北京城中轴线新的延伸——北部森林公园，将使这条举世无双的城市轴线完美地消融在自然山林之中。

延续总体规划的理念，本设计方案名为"通往自然的轴线"——磅礴大气的森林自然生态系统使代表城市历史、承载古老文明的中轴线完美地消融在自然山林之中，以丰富的生态系统、壮丽的自然景观终结这条城市轴线。

奥林匹克森林公园是奥林匹克公园的有机组成部分，是奥运中心区重要的景观背景。其规划设计既要保证奥运赛时活动的需求，又要符合建设一个多功能生态区域长期目标的需要。奥运会期间，这里将成为北京市带给各国代表团、运动员、奥委会官员的一份礼物——一个充满中国情调的山水休闲花园。

奥运会后，这片公园将向公众开放，成为市民百姓的休闲乐土，为北京留下一份珍贵的奥运遗产——公园对改善北京生态环境、完善北部城市功能、提升城市品质并加快北京向国际化大都市迈进的步伐起到重要作用，是现代意义上的自然与文化遗产。

综上所述，将公园的功能定位为"城市的绿肺和生态屏障、奥运会的中国山水休闲后花园、市民的健康大森林和休憩大自然"。

论文：
1.胡洁,吴宜夏,吕璐珊,张艳,李薇,刘辉.奥林匹克森林公园生态水科技[J].建设科技,2008(13):72.
2.胡洁,吴宜夏,吕璐珊,刘辉.奥林匹克森林公园景观规划设计[J].建筑学报,2008(9): 27-31.
3.胡洁,吴宜夏,吕璐珊.北京奥林匹克森林公园竖向规划设计[J].中国园林,2006(6):8-13.
4.胡洁,吴宜夏,吕璐珊.北京奥林匹克森林公园水系规划[J].中国园林,2006(6): 14-19.
5.胡洁,吴宜夏,段近宇.北京奥林匹克森林公园交通规划设计[J].中国园林,2006(6): 20-24.
6.胡洁,吴宜夏,安迪亚斯·路卡,赵春秋.北京奥林匹克森林公园儿童乐园规划设计[J].风景园林,2006(3): 58-63.
7.胡洁,吴宜夏,吕璐珊.北京奥林匹克森林公园山形水系的营造[J].风景园林,2006(3):49-57.
8.吴宜夏,吕璐珊,胡洁,刘辉.奥林匹克森林公园建筑及生态节能建筑技术应用[J].建筑学报,2008(9):32-35.
9.胡洁,吴宜夏,张艳.北京奥林匹克森林公园种植规划设计[J].中国园林,2006(6) :25-31.

获奖:

1. 2011年10月荣获中国风景园林协会首届优秀规划设计奖
   一等奖
2. 2011年6月荣获欧洲建筑艺术中心绿色优秀设计奖
3. 2009年9月荣获美国风景园林师协会综合设计类荣誉奖
4. 2009年8月荣获国际风景园林师联合会亚太地区风景园
   林设计类主席奖（一等奖）
5. 2009年4月荣获2007年度全国优秀城乡规划设计项目城
   市规划类一等奖
6. 2009年3月荣获北京市奥运工程落实"绿色奥运、科技
   奥运、人文奥运"理念突出贡献奖
7. 2009年3月荣获北京市奥运工程绿荫奖一等奖
8. 2009年3月荣获北京市奥运工程优秀规划设计奖
9. 2009年3月"北京奥林匹克森林公园景观水系水质保障综
   合技术与示范项目"荣获北京市奥运工程科技创新特别奖
10. 2009年2月荣获北京市奥运工程落实三大理念优秀勘察
    设计奖
11. 2008年12月荣获北京市奥运工程规划勘查设计与测绘
    行业综合成果奖、先进集体奖、优秀团队奖
12. 2008年2月荣获国际风景园林师联合会亚太地区风景园
    林规划类主席奖（一等奖）
13. 2007年12月荣获北京市第十三届优秀工程设计奖规划
    类一等奖
14. 2007年3月荣获意大利托萨罗伦佐国际风景园林奖城市
    绿色空间类奖项一等奖
15. 2003年11月荣获北京奥林匹克森林公园及中心区景观
    设计方案国际招标优秀奖

北京奥林匹克公园总规划图

Qinghe North Road

Qinghe River

Qinghe River

N5 Entrance

M Entrance

Beichen West Road

N6 Entrance

Diversion Channel of Qinghe River

Plants Comunity Sight on Traffic Island

Baimiaocun Road

North 5th Ring Road

North 5th Ring Road

M Entrance

S3 Entr.

Temporary Sports Field

Baimiaocun Road

Beichen West Road

Land of Heaven

Falling Water and Flower Platform

Forest Art Center

Wetland Greenhouse

Brooks Running Down the Forests

Children's Playground

Main Lake

Fishing Zone

S4 Entrance

International Zone

Open-Air Theatre

Mini-Theatre in the Woods

Xindiancun Road

Main Entrance of South Park

Xindiancun Road

Memorial Forest

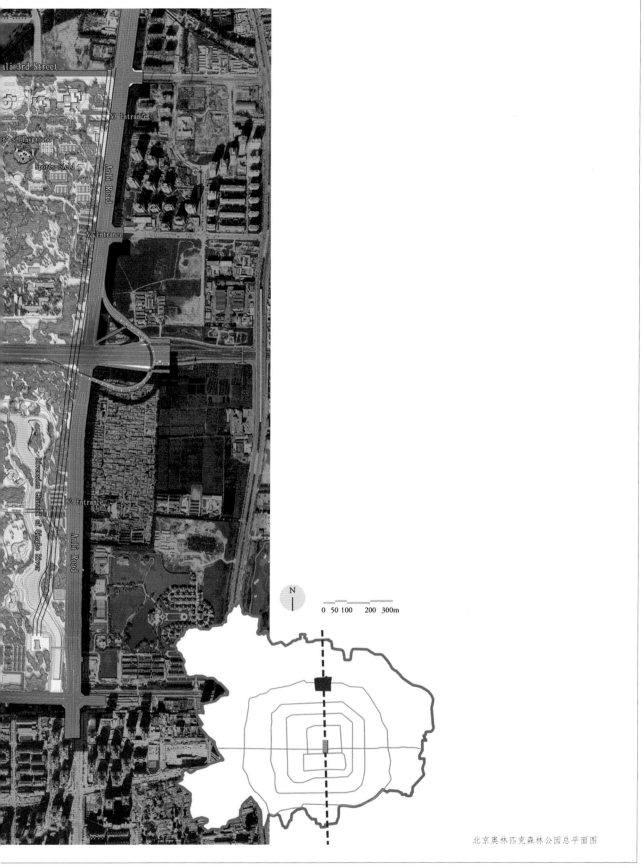

北京奥林匹克森林公园总平面图

夏秋时节森林公园鸟瞰

生态廊道建成照片

建成照片

2.3.2 唐山南湖生态城核心区综合规划设计

项目面积：630公顷
建成时间：2010年
设计人员：胡洁、安友丰、吕璐珊、王晓阳、张蕾、李春娇、付倞、邹梦成、张传奇、梅娟、
　　　　　张传奇、胡淼淼、张凡、蔡丽红、梁斯佳、滕晓漪、沈丹、刘辉等

南湖，位于唐山市中心以南1公里。历经百余年的开采，其地下本已形成大面积的煤炭采空区。1976年唐山地震，南湖地下采空区大量塌陷，并导致地表多处沉降。截至2006年，南湖地表下沉已多达28平方公里。

由于南湖地表在地震时出现大面积沉降，同时地下煤炭开采在地震后又迅速恢复，出于安全考虑，南湖在震后仅用于填埋城市垃圾。灾后重建30年来，唐山几经沉浮，再度从废墟中崛起，一跃成为环渤海经济中心。而南湖却一直作为唐山城市生活垃圾、建筑垃圾、工业废料的堆积场和生活污水的排放地而被人遗忘。放眼望去，南湖垃圾成山、污水横流、杂草丛生的破败景象不堪入目，附近数个村庄的村民也陆续搬迁。最终，南湖成为唐山人避之不及的废弃地，成为唐山城市开发建设的"禁区"。以此为界，唐山向南延伸的步伐戛然而止。

2008年，中国地震局、煤炭科学研究总院等机构对南湖采煤沉陷地的地质构造以及潜在危险性进行了缜密的分析与研究，认为南湖的大部分区域正处于地表下沉稳定期，坚实而牢固，已经具备了成熟的开发建设条件。据此，唐山市政府提出了"打造南湖中央公园"的战略构想——整合南湖采煤塌陷地及其周边地区，把这片曾经的城市"疮疤"打造成世界一流的城市中央生态公园。

在采取必要的市政措施对垃圾山进行处理后，设计与市政专家就山体景观进行了充分沟通，最终针对山体景观提出如下改造措施：(1) 收集场地内垃圾并堆砌成山；(2) 用低密度聚乙烯覆盖垃圾；(3) 在低密度聚乙烯上覆盖种植土；(4) 分层压实种植土；(5) 用植生袋建造挡土墙；(6) 设定废气收集系统。

唐山南湖中央公园建设，不仅兼顾场地内的生态安全与人文需求，并有效带动了周边区域的发展。南湖中央公园建成后：

（1）唐山市的极端最低气温升高3~4℃，极端最高温度降低3~4℃；

（2）唐山市的森林覆盖率达到44%；

（3）南湖片区土地增值至少1000多亿元；

（4）到2015年，南湖区域将吸纳40万居民，产生住房需求约480亿元，新增消费品零售总额约80亿元。

对于唐山南湖中央公园的研究，可以为资源枯竭型城市加强城市基础设施建设、提高城市开放空间质量、改观城市面貌给予理论与实践上的引导。

获奖：
1. 2011年1月荣获国际风景园林师联合会亚太地区风景园林规划类杰出奖
2. 2009年7月荣获2008年度河北省优秀城乡规划编制成果三等奖
3. 2012年12月荣获华夏建设科学技术奖市政工程类三等奖
4. 2012年6月荣获欧洲建筑艺术中心绿色优秀设计奖
5. 2011年12月荣获英国景观行业协会国家景观奖国际项目金奖
6. 2011年5月荣获意大利托萨罗伦佐国际风景园林奖地域改造景观设计类一等奖

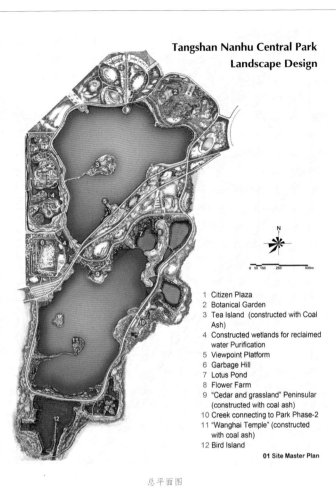

Tangshan Nanhu Central Park
Landscape Design

1 Citizen Plaza
2 Botanical Garden
3 Tea Island (constructed with Coal Ash)
4 Constructed wetlands for reclaimed water Purification
5 Viewpoint Platform
6 Garbage Hill
7 Lotus Pond
8 Flower Farm
9 "Cedar and grassland" Peninsular (constructed with coal ash)
10 Creek connecting to Park Phase-2
11 "Wanghai Temple" (constructed with coal ash)
12 Bird Island

01 Site Master Plan

总平面图

市民活动

雪松草坪

2.3.3 大连旅顺临港新城核心区园林规划

项目面积：119.1公顷
建成时间：2010年
设计人员：胡洁、潘芙蓉等

临港新城位于中国大连市旅顺口西部，一直以来为中国北方海上要道和战略要地，凭借其优越的港口交通优势，日渐成为内接中国东北腹地、外连东北亚贸易的重要窗口，是旅顺口区未来临港工业建设的重点区域。

在场地设计中，将区域尺度山水文化艺术挖掘与客观存在的生态系统维护相结合，并以此为前提探讨城市空间的未来发展。

作为一个完整的体系，新城规划了由"生态基地—中央公园—小区组团绿地—绿道—节点"构成的绿地系统，形成与自然通风及周边山体的良好联系，又提供了多样化的适合人活动的场所。西大河滨河公园是城市内部核心公园，公园内具备城市片区规模的活动功能。此外，规划建议在西大河入海口处建设自然盐田湿地公园和防风林带，以保护水陆交接地域生物多样性敏感地带；沿河道修建与南天门山山路相连接的"绿道"，人们可以通过跨河桥涵骑自行车进入山里；在城市办公区、商业区、集中居住区中布置小型广场；在规整的南北向建筑布局中，居住区内附属绿地与城市道路绿地联系成网络，构成连续的步行系统，实现人与绿地的"零距离"。

为呼应近年国际倡导的建设低碳城市的概念，本规划利用CityGreen软件作为植物生态效益分析的主要工具。由于不同植物种类在不同树龄的碳吸收能力是不同的，对设计采用的80余主干树种进行评估，分析其今后五十年内的碳储藏和空气污染物吸收量。在本项目的种植设计中，大量种植了旅顺的区树樱花及樱桃、紫荆等春季观赏树木，这些树木都属于低碳汇品种，但是因为樱花节是当地的特色文化，因此并没有因为碳储藏能力低而减少其用量。

本项目继承了中国传统理念和造园手法，积极践行钱学森院士提出的"山水城市"理论，巧妙应用了"借景"这一中国传统园林艺术手法，首先确定城市的景观主轴，借鉴中国传统山水画的艺术理念，从而完成整个城市片区的设计。

论文：
1. 胡洁，杨翌朝，Jesse Rodenbiker. 山水城市理念——旅顺临港新城景观规划设计. 2012国际风景园林师联合会（IFLA）亚太区会议暨中国风景园林学会2012年会论文集（上册）[C].北京:中国建筑工业出版社,2012；259-262.
2. 韩毅,胡洁,吕璐珊,陆晗,吕晓芳,胡淼淼. 巧于因借立基山水——旅顺临港新城风景园林规划.中国风景园林学会2011年会论文集（上册）[C].北京:中国建筑工业出版社,2011:239-244.

获奖：
1. 2011年8月荣获北京市优秀城乡规划设计评选三等奖
2. 2011年1月荣获国际风景园林师联合会亚太地区风景园林规划类优秀奖

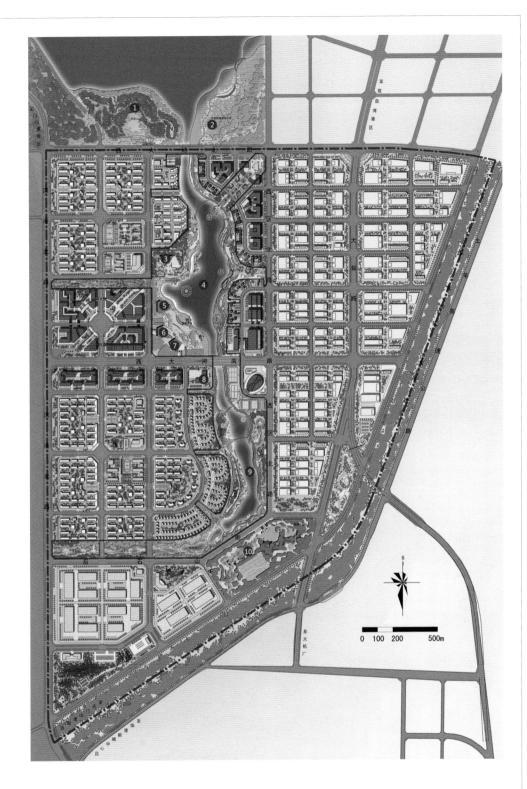

① 北部山地公园   ⑥ 博物馆
② 北部盐田公园   ⑦ 文化馆
③ 行政大厦   ⑧ 星级酒店
④ 西大河主湖区   ⑨ 西大河
⑤ 科技馆   ⑩ 南部湿地净化区

总平面图

2.3.4 葫芦岛市龙湾中央商务区风景园林设计

项目面积：157公顷
建成时间：2010年
设计人员：胡洁、崔亚楠等

葫芦岛市是环渤海经济圈中最年轻的城市，建市历史只有20年。本项目首要任务就是使城市生活更多地与自然相融合，在生态的自然中归复人性的自然，让自然美和人性美通过城市自然环境美而交融。在规划设计中，注重处理山体、河流、大海与城市之间的关系，以亲水、透绿、显山为目标，充分利用自然要素构筑绿地系统。通过电脑模拟技术进行景观视线分析，创造出"身在城中，意在山水"的景观空间，将周边自然景观变幻借入城市内部，营造具有山水画意的城市景观。

规划旨在使场地充分发挥其自身价值：1. 生态价值：建设健康低碳的生态城区；2. 生活价值：营造人性的城市空间；3. 文化价值：挖掘城市的文化内涵；4. 经济价值：创作绚烂的城市名片。

景观规划遵照自然山水格局与未来城市格局，形成了三条景观轴线：绿色轴线（自然的城市中心河流）、活力轴线（生动的城市滨海空间）、景观轴线（连接山城海的观景通廊）；两个重要节点与三个次要节点。

城市的开发与建设，在人类的生产生活史上，是综合影响比较大的一种活动，规划设计师作为这一活动的主要参与者，如果不能代表人类的集体智慧，做出顺应自然的正确导向，它的影响将不止于一时一域。因此，责任、担当、清醒与回归，是必需的选择。

论文：
1.胡洁.城市新区开发的规划态度与方法——以葫芦岛市龙湾中央商务区景观规划设计为例. 中国风景园林学会2011年会论文集（上册）[C].北京:中国建筑工业出版社，2011:166-171.

总平面图

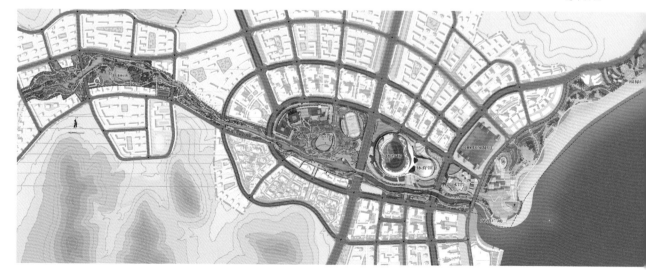

建成照片

2.4 "三置论"设计语汇

2.4.1 北京金融街北顺城街13号四合院改造

项目面积：335平方米
建成时间：2002年5月
设计人员：朱育帆、臧文远、李辉、王亦龙

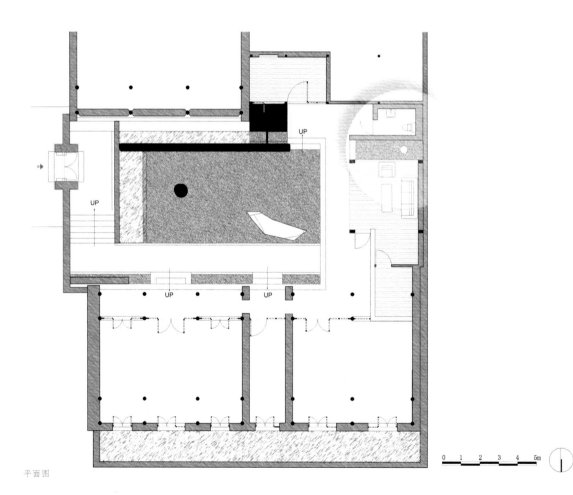

平面图

0 1 2 3 4 5m

北京市复兴门金融街与二环路之间城市绿带的一端，坐落着一组古代建筑院落。楼宇行空、椒墙周匝，在金融街鳞次栉比的现代城市商务空间和交通要道之中显得很是特别。它的前身就是北京颇有名气的道观"吕祖宫"。

经历了历史的沧桑变迁，原先完整的建筑群如今只留下了南北两个院落。而这两个院落又被划分给两家不同的单位，门牌号也就成为北顺城街13号和15号，其中15号为南院，是"吕祖宫"道观的正院，属西城区文物保护单位。而北院即13号院，场地面积约335平方米，曾经变换过多个不同的行政单位，由于缺乏管理，几近荒废。

业主的初衷是希望在保持庭院原有建筑格局、文化气质和构造特性的前提下，将13号院改造成为适用于地产商、银行家、建筑师和风景园林师等具有一定文化层面的特殊群体举办沙龙聚会的服务性场所。更新工程于2002年5月基本建成，其特殊的地理位置和文化属性决定了它的改建成为一次具有特殊意义的四合院更新的设计实践。

改建内容包括修缮和改造原有古建筑、添加功能建筑和经营庭院景观。通过对合院空间的重塑，探求文人园林的精神，并为北京旧城改造中杂院的再生提供一种模式。

论文：
1.朱育帆. 与谁同坐?——北京金融街北顺城街13号四合院改造实验性设计案例解析[J]. 中国园林，2005（8）：11-22.
2.朱育帆. 与谁同坐?——北京金融街北顺城街13号四合院改造[J]. 世界建筑，2004(11):104-107.

园林与景观设计

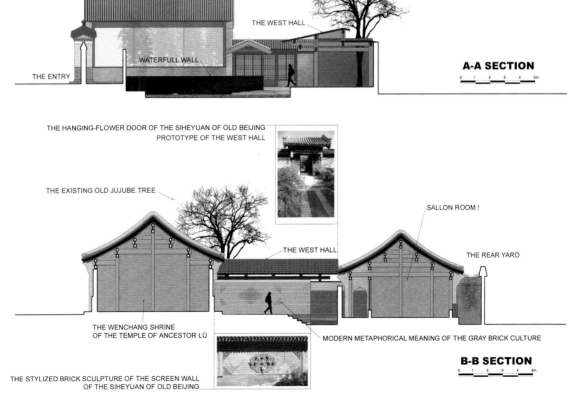

剖面图

2.4.2 清华大学核能与新能源技术研究院中心区景观改造

项目面积：0.9公顷
建成时间：2004年10月
设计人员：朱育帆、姚玉君等

清华大学核能与新技术研究院始建于1958年，中心区规划的基本格局呈现出强烈的苏维埃风格，主楼居中而立，为典型的苏式建筑，主要附属建筑群分列两旁，布局基本对称，主中轴线明显，自101主楼向南延展至南大门，在园林环境的烘托下形成了壮观的轴向空间。

本次对中心区的环境改造归根结底是对原生轴向空间进行的一次再设计，因此一切改造行为应基于对轴向空间本质的认知。原校园中心区基本布局简明而合理，关键是如何在结构认知下进行系统梳理和强化。场地特有历史背景和壮美的圆柏篱墙的遗存使设计者最终选择了以勒诺特式轴向空间作为环境改造的总体蓝本，而通过强化中轴线上系列水池带动空间戏剧性和序列感的提升以及强化景观横轴成为重塑新轴向空间的基本策略。

论文：
朱育帆，姚玉君. 永恒·轴线——清华大学核能与新技术研究院中心区环境改造[J]. 中国园林，2007(2):5 11.

核能与新能源技术研究院中心区景观鸟瞰

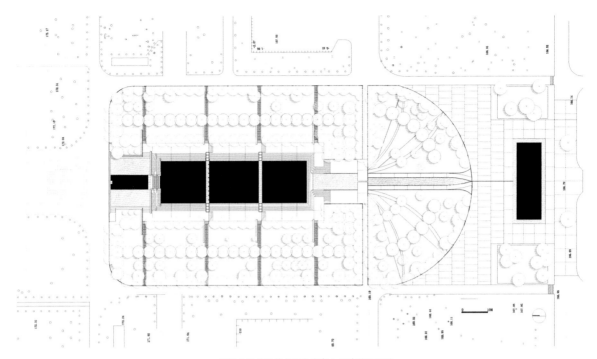

核能与新能源技术研究院中心区景观平面图

建成照片——秋叶匝地

建成照片——镜面水池　　　　　　　　建成照片——两侧林园与中轴空间的渗透关系

2.4.3 北京CBD现代艺术中心公园景观设计

项目面积：3.64公顷

建成时间：2007年5月

设计人员：朱育帆、刘静、全龙、王丹、姚玉君、石可、郭湧、汪丹青、
禹忠云、高正敏、潘克宁、曹然、齐羚

北京CBD现代艺术中心公园身居高楼鳞次栉比的都市环境，东望央视北配大楼，西对世贸天阶"全北京向上看"，南北与现代艺术走廊相衔，为百米高的"新城国际"、"光华国际"和"以太广场"建筑群所环绕，商务中心东西街从公园下部横穿而过，巨型绿色天桥飞渡两地。环绕公园的建筑界面是步行空间直接与建筑底商相连，但公园本体却被机动车道从中央切割成南北两块。

设计者提出架设一个8米高，直径达80米的圆形绿色过街平台作为公园核心空间，这个平台的尺度使得公园空间形成南区、北区和中心平台区三足鼎立的格局。它使得南北公园摆脱了简单意义的连接，塑造了真正的可供集散的核心空间。机动车从平台下方穿过，游人从南北两个方向到达平台，山体地形的营造势在必行，使中心公园成为一处山地园林，登顶使游人身体力行地体验了作为空间序列高潮的场所氛围。

论文：
朱育帆，姚玉君. "都市伊甸"——北京商务中心区(CBD)现代艺术中心公园规划与设计[J]. 中国园林，2007(11):50-56.

获奖：
2009年获英国景观行会（BALI）颁发的年度国家景观奖

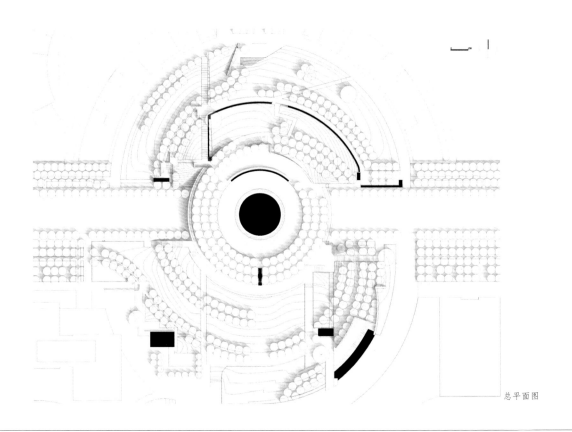

总平面图

整体鸟瞰

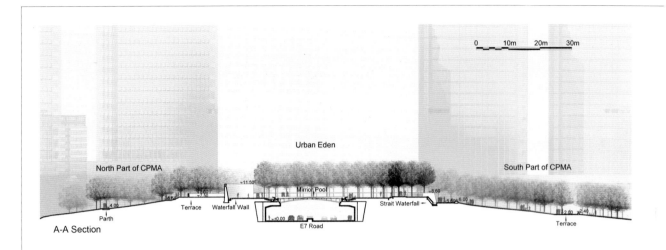

A-A Section

剖面图

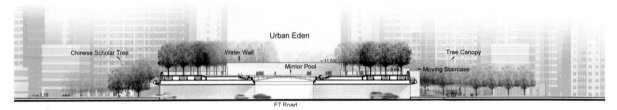

建成照片

建成照片——镜池平台

2.4.4 北京香山81号院
（"半山枫林"二期）住区景观设计

项目面积：2.7公顷

建成时间：2006年8月

设计人员：朱育帆、石可、姚玉君、王丹、曹然、刘静、郭湧、张扬、李颖璇

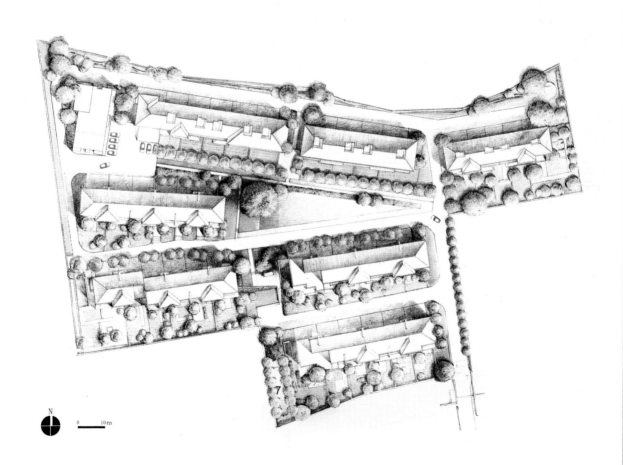

N

0   10m

总平面图

"半山枫林"（二期）住区共享空间的景观结构是清晰的，基本成"两纵两横"的主体景观骨架，"两纵"保证和拓展了住区的南北景深，"两横"则疏通了住区空间与玉泉山和香山的借景之路。由此设计者施以了诗意的设想："仰山迫"、"一潭天"、"引泉间"、"天木霖"、"筠香径"、"卉莳谷"、"静远想"七景错落其间，"视远"的理念则贯穿其中。

设计没有套用传统园林的设计方式，而以北京山区村落质朴粗犷的景观风格为蓝本，采用了京郊山区自产的深灰色毛石依山砌筑系列化的景观挡墙，并以现代的空间设计手法塑造住区特有的强烈的整体性景观风格，这种设计风格和建筑环境共存共融，达到了和谐，同时又承载了中国山居的传统精神和地方精神。

论文：
1.朱育帆，姚玉君.新诗意山居———"香山81号院"（半山枫林二期)外环境设计[J].中国园林，2007(5): 66-70.
2.朱育帆，姚玉君."香山81号院"（半山枫林二期)外环境设计[J].城市环境设计，2008(11) :37-40.

获奖：
2008年获美国景观师协会（ASLA）颁发的年度住区类荣誉奖

建成照片——竹径

建成照片——石墙

构思意象

建成照片——山居夕照

建成照片——泉流与竹径

2.4.5 青海原子城国家级爱国主义教育基地景观设计

项目面积：11.16公顷
建成时间：2009年6月
设计人员：朱育帆、姚玉君、郭湧、杨展展、刘静、张振威、王丹、
　　　　　唐健人、李烁、孙宇、王培波（雕塑）、杜宏宇（雕塑）、
　　　　　李富军（雕塑）

青海原子城国家级爱国主义教育基地纪念园位于西海镇镇中心东南，园三面紧临城市道路，除西侧为青海省烟草总公司海北分公司驻地之外，北临的原子路是原211厂历史最久也是最重要的一条东西向主干道，东面靠的是310省道门源路，南面是可直抵海北州政府的同宝路，路南400米左右便是305国道，一条西宁至青海湖的必经之路，从国道一进入西海镇，原子城纪念馆建筑便直入眼帘，纪念园无论从内容还是选址上都是地标性的。原子城纪念园平面上基本为南北长560米、东西长200米的长方形用地，总占地面积约12平方公里，建筑占地面积约8400平方米，其中外环境面积约11.16平方公里。总体规划几易其稿，由于投资预算的局限，规划南面地界线由305国道北减至同宝路，纪念馆建筑规模也由2万平方米减至9615平方米，但从几个规划版本来看，除用地和建筑规模外纪念园总体布局未做大的调整，纪念馆建筑始终位于场地的偏南部，从而将纪念园空间划分为纪念馆南广场、纪念馆和馆北纪念园3个区域。

纪念园通过设置一条曲折路径，重新将现状空间和设计空间进行梳理和编织，并保护和有效利用基地中的具有强烈精神价值的青杨，试图把青杨林与讲述中国独立研制原子弹氢弹的叙事史诗的线性表达相结合并实现理想的无缝对接。

纪念园钟摆式模式的一个重要特点是在路径上可以根据需要经营任意一点与高潮点之间的视线关系，路径是独立的和唯一的，行进在这条路上，目标在远方若隐若现，始终提醒游者它的存在，人们却无法径直往赴，无论路径有多曲折，只有完成路径全程才能到达目的地。除了对纪念性空间新模式的探索意义之外，这一Zigzag图式还存在一个针对原子城的很重要的暗喻，即试图告诉后人，中国自主研制原子弹氢弹之路(596之路)是极其曲折和艰辛的，但同时又始终充满了希望，这种希望源自万众一心式的对自身信念的坚守。

建成照片——入口广场与纪念雕塑

论文：
1.朱育帆，姚玉君. 为了那片青杨(上)——青海原子城国家级爱国主义教育示范基地纪念园景观设计解读[J]. 中国园林，2011(9):1-9.
2.朱育帆，姚玉君. 为了那片青杨(中)——青海原子城国家级爱国主义教育示范基地纪念园景观设计解读[J]. 中国园林，2011(10): 21-29.
3.朱育帆，姚玉君. 为了那片青杨(下)——青海原子城国家级爱国主义教育示范基地纪念园景观设计解读[J]. 中国园林，2011(11): 18-25.

获奖：
2010年获英国景观行会（BALI）颁发的年度国家景观奖

PA085-01-PLAN & SECTION

ATTRACTION

1. *Fusion* (LANDMARK SCULPTURE)
2. *Dwaning* (LAND-ART WORK)
3. FLAG-RAISING PLATFORM
4. PLATFORM OF FORWARD-LOOKING
5. 596
   (GROUND ID. DAY OF BEGINNING OF ATOMIC TEST)
6. GATE 1
7. STRUCTURE OF FORWARD-LOOKING
8. *United Scenario* (3-PERSON SCULPTURE)
9. *The Mailbox Scenario* (2-PERSON SCULPTURE)
10. *Workout Scenario* (9-PERSON SCULPTURE)
11. GATE 2
12. 19641016
    (GROUND ID. DAY OF THE FIRST TEST OF ATOM-BOMB)
13. GATE 3
14. GATE 4
15. 19670617
    (GROUND ID. DAY OF THE FIRST TEST OF H-BOMB)
16. GATE 5
    (OVERHANG-DOOR WITH PEACE DOVES HOLLOWED-OUT)
17. REFLECTING POOL
18. *In A Faraway Fairyland*
    (BENCH WITH THE FAMOUS LYRIC CARVED ON)
19. MEMORIAL WALL
20. ATOM BOMB MONUMENT
    (BUILT IN 1986)

PRESERVED CATHAY POPLAR

NODE

a. ENTRANCE OF MEMORIAL PARK
b. POPLAR CORRIDOR
c. SUNKEN PLAZA
d. MOUND OF PEACE

ZONING

A. MEMORIAL PLAZA
B. MEMORIAL MUSEUM
C. MEMORIAL PARK
D. GARDEN OF ATOM BOMB MONUMENT
   (BUILT IN 1986)
E. PARKING LOT

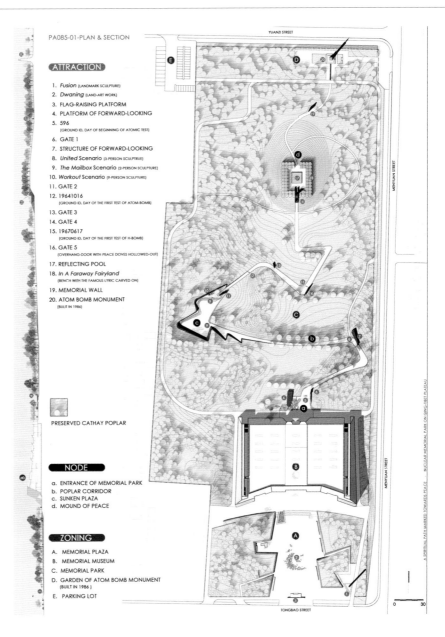

0   30

A SPIRITUAL PATH MARKED TOWARDS PEACE — NUCLEAR MEMORIAL PARK ON QING-TIBET PLATEAU

园林与景观设计

2.4.6 北京五矿万科如园住区展示区景观设计

项目面积：1.357公顷
建成时间：2012年
设计人员：朱育帆、姚玉君、田莹、孙姗、朱玲毅、郭畅、龚沁春

"如园"取名于原圆明园长春园中的著名皇家园林，位于北京西北郊百望山下，京密引水渠旁，占地10平方公里，拥有极佳的地理区位条件，并致力于营造传承本土文化的社区文化。本次设计委托是其中的展示区部分，位于北部楼盘的东南角，未来将直接转化为北部住区的南入口。

在设计之前，委托方提供了一份类似博物馆收藏意义的清单供设计师筛选，包括拆迁中幸存并已流向市场的一座清代山西老宅、宋式的石赑屃、清式的石狮子、清式的石拴马桩等等，它们大多数是来自山西的高质仿品。作为设计要求，需要把这些要素连同已经完成设计的北部售楼建筑（后将改为住区会所）和样板房一起组成展示区并体现出如园的住区文化精神。

设计通过建立一种空间秩序去整合不同的功能分区，包括入口集散，通往售楼处和住区的分流，并考虑交付使用后售楼处功能转换的衔接过渡。设计上也尝试引入了一套（混搭）的设计语言，在有效划分空间的同时整合这些完全不同时期和不同风格的建筑物和雕塑饰品。

论文：
朱育帆. 混搭的力量——北京五矿万科如园展示区景观设计[J]. 风景园林，2012(8):140-145.

获奖：
2012年获英国景观行会（BALI）颁发的年度国家景观奖

建成照片——展示中心

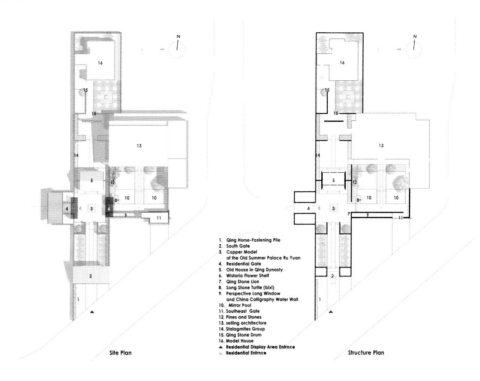

1. Qing Horse-Fastening Pile
2. South Gate
3. Copper Model
   of the Old Summer Palace Ru Yuan
4. Residential Gate
5. Old House in Qing Dynasty
6. Wistaria Flower Shelf
7. Qing Stone Lion
8. Song Stone Turtle (bixi)
9. Perspective Long Window
   and China Calligraphy Water Wall
10. Mirror Pool
11. Southeast Gate
12. Pines and Stones
13. selling architecture
14. Stalagmites Group
15. Qing Stone Drum
16. Model House
▲ Residential Display Area Entrnce
△ Residential Entrnce

Site Plan   Structure Plan

建成照片——透视长窗和书法水墙   建成照片——南门

2.5 设计的艺术

2.5.1 日常维护展览

项目来源：日本研究创意艺术家奖金、日本—美国友谊委员会、
　　　　　日本艺术基金会、日本文化事务机构
项目时间：2012年1月～2012年12月
主 持 人：罗·亨德森

景观通常需要进行常规维护，目的是为了培养出更高产的土壤、森林、种植园、果园及庄稼。"常规维护"展览把这些日常维护植物的行为放大为视觉上能引人注目的景观，让这些本土化的实践去面对全球文化。通过景观可视化，常规维护可以协助当地文化和技法的保护、协助艺术家通过园艺和技术进行创造。

罗·亨德森在中国云南丽江与一位当地居民开展了表演景观研究，在日本期间，他的此项研究得到了拓展。研究围绕樱花的两个方面进行，一是樱花的社会价值，研究调查了樱花节的游赏行为，和与樱花相关的景观事件以及相关的文化表现；二是樱花的日常园艺维护，如修剪、支撑和绳子封孔等园艺修剪法。调查的工具是用折叠式速写本记录以及拍照 。该研究的成果是系列展览，如图册展览、照片展览、装置展览。

罗·亨德森被选为2012年日本—美国友谊委员会(JUSFC)的创意艺术家研究员，并得到了为期三个月的研究资助。这一竞争激烈的资助用以奖励创意领域(如音乐、戏剧、电影和视觉艺术)的艺术家。亨德森是自1978年以来第一位获得该资助 的景观设计师。

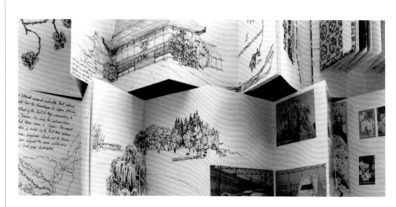

展览照片

2.5.2 Babi Yar公园

项目时间：2007年竞赛
设　　　计：Wodiczko+Bonder、罗·亨德森L+A景观设计事务所

　　该纪念地的竞赛是与艺术家Krzystof Wodiczko、建筑师Julian Bonder合作完成的。致力于探讨创伤、记忆和公共空间话题。Babi Yar 公园是一个用来纪念在二战中在Babi Yar 大屠杀中被屠杀公民的公园。

　　方案建立在景观师哈普林在1970年设计的公园的基础上。哈普林的设计是精心构思的表演性的景观。延续哈普林概念并结合人们穿越区域景观的肢体活动来延伸哈普林的作品，以形成纪念全球恐怖主义受害者的新景观的想法非常重要。丹佛的峡谷丰富、多样并充满了生命。浅浅的、地面上的侵蚀线是一个生物栖息的动态过程，是在来自港口的水分阻止风的作用下形成的。峡谷形成的小气候对植物、两栖动物、爬行动物和小型哺乳动物来说都是得天独厚的。在优雅倾斜的坡地上生长的高草能够恢复和增强本土的生态系统。高草同时也用来固定或压实整个场地，它们为公园不同物种的维护和提升提供了延续

性。该设计方案为赢得了国际竞赛的方案，包括峡谷的生态恢复——现有整个区域现状的水文、植被和生态系统。方案同时也为这里的峡谷与令人憎恶的乌克兰峡谷之间的关联另辟蹊径。现在公园里的boxcar桥已经将峡谷塑造成强烈提示乌克兰峡谷在无辜的死亡的生命中所扮演角色。然而，boxcar桥仅仅只从峡谷的顶端提供了"屠杀者"的视角。我们在峡谷里建立了一个轻结构的道路去连接"案发室"、桥与"屠杀者"。这条路径将游客放置于乌克兰被屠杀者的视角去体验。2010年，竞赛小组还与世贸中心钢梁恢复小组一起设计了Babi Yar 公园的丹佛911纪念园。

获奖:
2011年科罗拉多ASLA优秀奖

效果图

总平面图

2.5.3 废除奴隶制纪念园

建成时间：2012年3月
设计人员：Wodiczko+Bonder、罗·亨德森L+A景观设计事务所

废除奴隶制纪念园是Wodiczko+Bonder建筑事务所获得国际竞赛后，由法国兰特市、前任市长Jean-Marc Ayrault（现法国总理）委托设计的国家纪念园。亨德森和他的L+A景观设计事务所是竞赛的景观顾问。项目涉及兰特市中心Loire河350米的海岸线的改造。项目通过创造空间和有价值的记忆来反映奴隶和奴隶贸易，纪念废除奴隶制度的抗争，庆祝具有历史意义的废除奴隶法案，让游客与当今仍在持续的奴隶抗争运动更加接近。作为一个政治、城市、艺术、景观与建筑的综合项目，委托方希望这个新的公共空间成为变革行为、人权活动和公民参与的催化剂。同时该项目也应回应18～20世纪已经建成的Loire河堤空间。

获奖：
1. 2013年欧盟当代建筑/密斯·凡德罗奖入围奖
2. 2012年半年一次的欧洲城市空间奖特别提名奖（西班牙）
3. 2012年波士顿社会建筑师荣誉奖的设计类突出奖（美国）
4. 2012年Biannual 建筑奖，中央建筑师协会和专业委员会建筑与规划一等奖（阿根廷）

建成照片

建成照片——纪念空间

建成照片——夜景

建成照片——纪念人群

2.5.4 伊莎贝拉·斯图尔特园丁博物馆花园

建成时间：2012年
设计人员：罗·亨德森L+A景观事务所、伦佐·皮亚诺建筑设计事务所

园丁博物馆花园位于波士顿后湾区的沼泽。新的花园面积约1100平方米，由六个种植草本、木本植物的系列精致空间组成。六个空间分别是Evans路的公共入口、客厅的花园、咖啡花园、僧人花园、林奇庭园花园和新的公共温室，花园确保了博物馆的参观者能深置其中并体验丰富的环境。

在1903年的新年夜，伊莎贝拉·斯图尔特园丁为她的波士顿邻居打开了花园大门，如博物馆现馆长介绍的："通过建立一个游客能体验音乐、花园、历史和当代艺术，且在花园内摆放高品质设施的博物馆而开启了美国艺术新的脉络"。

扩建工程在原有博物馆的西侧，通过狭窄的玻璃廊道进行连接。博物馆的入口调整了原有面向后湾墙的老博物馆大门，变成了位于Evans路公园的新大门，该设想最初是奥姆斯特德向西连接边界和山顶的一个愿望。新的入口为游客创造了一个令人愉悦的、重要的入口空间，并且缓解了每年成千游客穿越老博物馆的威胁。透明的玻璃围合了场地的四周，但也提供了透过公园能看见种有成排银杏树的宫殿路的视线。公共空间都聚集在首层，这个视线通透的策略与原有博物馆砌体墙给人塑造的厚重感形成了鲜明的对比。馆长严格的植物种类挑选成就了杰出的花园。 设计也拓展了博物馆的种植实践，将博物馆的温室延展至花园。精准的水平竹质平板作为榆树的支撑与皮亚诺设计的博物馆直线型的平板相对应。紧连两边的是两个台地花园——咖啡花园位于北侧，客厅花园位于南侧。在博物馆南侧的僧人花园，建造了一个高台来创造博物馆凉廊的横向拓展。在这个高台与现有博物馆地面周边砖墙的斜岸间有一条东西向蜿蜒曲折的路径。高台和斜岸都种植了约650平方米的矮丛蓝莓，增大土地表面的体积的同时也提供了优雅的树枝、食用果酱、秋天赤色的树叶和冬季红色错综复杂的茎。

罗·亨德森与博物馆的第一次合作是15年前，他与博物馆的首席园艺师合作设计了博物馆花园的冬季展览。

发表刊物：
花园和相关内容被许多国际刊物刊登，如Domus、《景观设计杂志》、《墙纸》、《彭博社》、《每日艺术》、《艺术克莱尔》、《内部艺术》、《建筑师》（德国）、《共和》、《波士顿环球》，《纽约时报》和《费城询问报》

建成照片

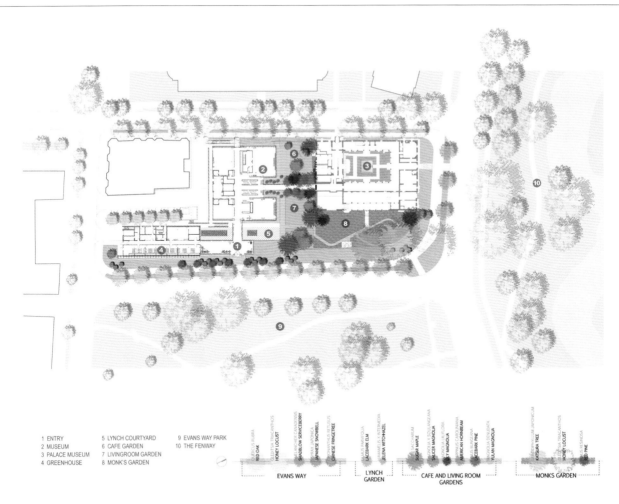

1 ENTRY
2 MUSEUM
3 PALACE MUSEUM
4 GREENHOUSE

5 LYNCH COURTYARD
6 CAFE GARDEN
7 LIVINGROOM GARDEN
8 MONK'S GARDEN

9 EVANS WAY PARK
10 THE FENWAY

EVANS WAY

LYNCH GARDEN

CAFE AND LIVING ROOM GARDENS

MONKS GARDEN

总平面图

建成照片

2.5.5 瀛洲中央公园

设计时间：2008～2009年
设计人员：罗·亨德森L+A景观事务所、Thurlow建筑设计事务所、
　　　　　TeamMinus建筑设计事务所

瀛州中央公园是位于宁波历史老城区西南的瀛洲新城区的主要公共空间。新城规划由TeamMinus建筑事务所完成，在今后的十年能容纳8万人居住。78公顷的风华河的冲积平原关系着区域供水和洪水控制。公园在建造中本着空间更新、体验多样、技术领先的原则。公园空间的构想是"超现实"，放大景观的几何曲线来让自然自组织生长，从而实现生态、社会和经济的可持续发展。生态可持续要求要沿着河流的流向创造河水的自然流动。现状河水的流动是被"推动"而非自然流动或重力牵引流动。设计通过水流维护，重塑河道等高线来创造最平缓的流水也能沿着水岸流动从而减少可能造成腐水的漩涡或淤积。五个促进水流的喷泉（每街区一个），将流水提升到一定高度后释放，形成推动水流的动力。社会可持续通过组织青年活动中心、餐饮、博物馆和一些小型项目，为所有年龄段的人创造利用公园的机会来完成。

瀛洲公园免费并且创造了公园四边多入口的空间来引导公众无忧无虑地自由进入。景观设计师还为当地管理者介绍了公园管理的商业战略、创投管理和管理设施。经营和私人行为将会为瀛洲公园创造足够的经济收入来维持公园运营。

获奖：
2009年ASLA罗德岛荣誉奖

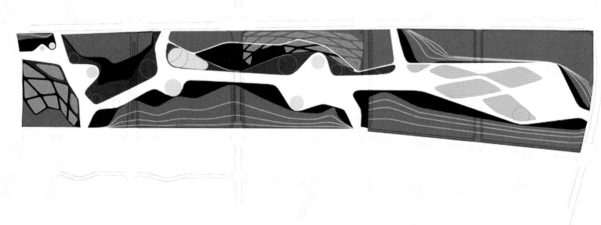

总平面图

东部鸟瞰效果图

岩石码头景观效果图

2.6 "水脉"与"文脉"设计

2.6.1 清华大学胜因院景观设计

项目面积：1公顷
建成时间：2012年7月
设计人员：刘海龙、李金晨、张丹明、颉赫男、孙宵铭、陈琳琳等

　　胜因院是清华大学近代教师住宅群之一，以质朴、亲切和充满生活气息为特色，多名知名学者曾居住于此。近年各种原因导致胜因院的建筑和环境趋于破败，历史氛围与人文信息逐渐丧失，尤其是每逢暴雨便导致场地严重内涝。清华百年校庆后，根据校园规划胜因院将被转变为人文社科研究办公区，为这片区域实施保护性改造提供了契机。胜因院景观设计的关键是挖掘场地气质、体现胜因院及清华历史，并解决雨洪内涝等问题。设计团队在对胜因院的历史及环境风貌演变进行了深入研究，对改造前的状况进行了综合评价，同时综合公众参与和专家意见收集，提出胜因院景观设计的定位应是清华校园纪念空间、校史教育场所、富有特色的人文社科研究园区、清华建

设"绿色大学"的生态教育场所。基于上述目标与定位，提出了空间序列、功能转换、文化符号、雨洪管理、植物点睛等策略，并完成了系统化的景观方案与施工图设计，重点针对轴线上的纪念广场和中心花园、每个小院的雨水花园及生态渗滤系统，以及一系列统一而又多样的木平台小型户外交流空间等进行了深入设计，使场地形成了新的空间层次与序列、具备了应对2年一遇日暴雨的雨洪管理能力，并形成了场地自身的文化特征符号，为新的科研办公功能及周边居民提供了丰富而有吸引力的空间场所。总体而言，本设计研究的核心课题是对具有历史性的地段、结合建筑与景观改造进行雨洪管理型景观设计的探索。

20世纪50年代马约翰夫妇
在胜因院住所前

胜因院老照片

建成照片

建成照片

春　　　　　　　夏　　　　　　　冬

2.6.2 南水北调保沧、邢清调压井景观设计

项 目 面 积：2公顷
预计建成时间：2014年1月
设 计 人 员：刘海龙、颉赫男、赵婷婷

保沧干渠与邢清干渠是南水北调中线河北省配套工程的重要组成部分，其中保沧干渠起点为曲阳县境内的中线总干渠中管头分水口，供水目标包括11个县（市），邢清干渠供水目标包括8个县市。其中调压塔、井是进行水资源调配作业的关键工程和展示工程成就的唯一地面建筑物。对于两处调压站、塔及其他水利工程设施的设计定位是：（1）具有重要纪念价值的"南水北调"水利工程管理和科普教育基地，未来的工业遗产；（2）充分展示地方城市文化特质与内涵；（3）整个园区突出"水"的设计主题；（4）采取具

有当地特色的华北平原防护林和湿地乡土植物，营造丰富的旱、湿植被群落，适当增加常绿树和开花植物的比例。因场地均位于大面积农田中，设计将"田"的肌理延续到场地内部，形成条块状基底（建筑、活动场地、种植、雨水花园、构筑物等），调压塔及地形成为视觉中心。同时提取当地特有建筑、园林、文物等文化符号，并与当地山水美学联系，将地域自然文化特色体现在景观与建筑设计当中，形成极具地域特色的"水利文化景观园区"。

保沧调压站景观设计主入口透视图

邢清调压站景观设计主入口透视图

园林与景观设计

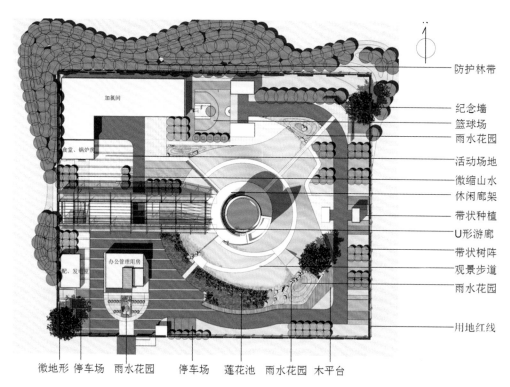

防护林带

纪念墙
篮球场
雨水花园
活动场地
微缩山水
休闲廊架
带状种植
U形游廊
带状树阵
观景步道
雨水花园

用地红线

加氯间

食堂、锅炉房

配、发电室

办公管理用房

微地形　停车场　雨水花园　　停车场　莲花池　雨水花园　木平台

保沧调压站景观设计总平面图

保沧调压站景观设计鸟瞰效果图

市阁凌霄　奎楼应宿
横翠朝晖　莲游夏蛇
西利秋涛　濉水环清
狼山竞秀　枣泉春雨
保沧千琪　鸟瞰图

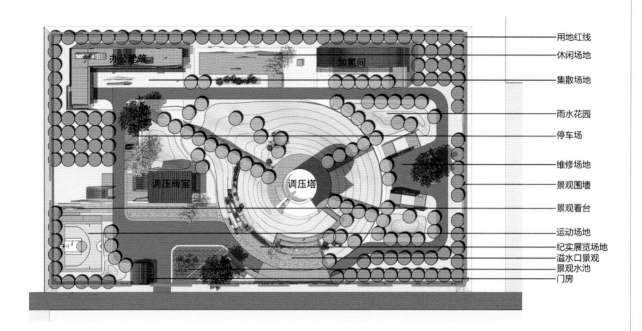

用地红线
休闲场地
集散场地
雨水花园
停车场
维修场地
景观围墙
景观看台
运动场地
纪实展览场地
溢水口景观
景观水池
门房

办公建筑　加氯间

调压阀室　调压塔

邢清调压站景观设计总平面图

邢清调压站景观设计鸟瞰效果图

惜檀台烟雨，蒸百川径流

拾田间林趣，塑邢地佳境

邢清调压站鸟瞰图

3 地景规划与生态修复

3.1 综 述

清华风景园林在地景规划方面的研究与实践，一方面是对传统领域研究课题的延续与发展，如古典园林、风景名胜区等，以及近年在世界遗产方面的拓展[1]，另一方面则在多个方向领域有所突破，包括城镇水系与绿地规划、旅游度假区、棕地生态修复、大型城市公园、生物多样性保护等。这些新的发展体现出清华风景园林与时代需求紧密结合的特点，尤其是应对当前国家城镇化、遗产保护、生态文明等方面的需求。其中最显著的特征是加大了应用自然科学在教学、科研与实践中的比重。尤其对景观生态学、景观水文、景观地学及地理信息系统等科学技术内容的日益重视。面向工矿废弃地、垃圾填埋场等棕地的生态修复，以及针对城市水系整治、雨洪管理等的景观水文，均成为清华风景园林新兴的重点发展领域。

历史概述

地景规划虽在现代风景园林学发展中逐步成为支柱领域，但在中国却是一门拥有悠久历史的学问与实践。中国地域辽阔、环境多样、民族众多、物产丰富，形成了悠久的农耕、水利、营居、建城文化，同时中国古代丰富的宗教、风水、建筑、园林理论和自然哲学与山水美学，都从不同角度滋养、孕育了中国地景规划的传统智慧。

清华风景园林在地景规划方面的研究，是与中国的文化传统及宏观自然背景紧密联系的。周维权教授在《中国古典园林史》（1990年）中，就把源远流长、博大精深的中国古典园林体系置于幅员辽阔的国土中来思考。在《园林·风景·建筑》（2006年）一书中，他强调中国传统的园林文化、山水文化和建筑文化，是一种你中有我，我中有你的关系。而楼庆西教授在《乡土景观十讲》（2012年）中也认为乡土建筑和天地、山水、植物共同组成了一种富有文化底蕴的景观，即"乡土文化景观"。相较于小尺度的私家、皇家园林及乡土文

化景观，名山大川更具大地景观的大尺度特征。在中国传统风景区之中，依托于山岳或者以山岳为主体的山岳风景区占相当大比重。人们以"山水"作为大自然风景的代称，也意味着自然风景与山岳的紧密关系。周维权教授在《中国名山风景区》（1996年）中，指出中国是世界上最早把山岳作为风景资源来开发的国家，也是最早把山岳风景作为旅游观光对象的国家，同时中国传统山岳风景名胜区大多又是佛教和道教圣地，兼具自然与人文的属性。因此，中国古代名山风景区的经营和建设，总体体现了中国古代地景规划的伟大成就。而清华风景园林研究较早就具有从园林咫尺境域进入广阔大地景观的理念，并且一直秉承中国古代"整体、关联"的治学思想来展开研究。

城镇水系与绿地规划

在地景规划中，流域规划、水系河道景观规划设计等是重要内容。清华风景园林十分重视此方向的发展。1991年清华大学建筑学院受首都规划建设委员会委托，进行长河及京密引水渠昆玉段沿岸城市景观规划设计，通过对河道及其沿岸区域的历史沿革、文物古迹和滨水活动的分析，结合已有的城市规划、水利规划、道路规划和旅游及园林规划，对长河的价值、长河的问题、城市与河流的关系以及北京河流体系等进行研究、规划与设计。2003年，清华景观学系成立后，在课程体系中设立了"景观水文"课程，力图从"景观"作为综合的自然文化系统的角度，对水及与之相关的各类景观过程进行规划设计教学与研究。2006年，清华大学组建了多学科团队，开展了"南水北调中线干线工程建筑环境规划"项目，对特大型水利工程对人居环境的影响进行了深入研究。2012年，清华团队在福州江北城区水系整治与人居环境建设课题中，基于融贯综合的研究方法，梳理了福州水系历史文化、流域水文过

程、人口与交通出行，现状水系及整治等问题，并对以往围绕水系展开的各类规划进行整合，从宏观流域、中观子流域、微观滨河空间三个尺度展开研究与规划设计，重点针对防洪排涝与水质改善、蓝绿道与慢行系统、历史文化骨架、市民活动场所、社会服务设施等有针对性提出了规划策略。

清华城市规划设计研究院作为清华风景园林的实践平台，在河道、水系景观方面有大量的实践项目。重点项目包括铁岭凡河新城城市水系景观规划（建成）、唐山市南湖生态城核心区综合景观规划设计（建成）、石家庄市外环水系及周边区域概念规划、多伦淖尔市城市水系景观规划等城市河湖水系综合型，以及葫芦岛龙湾新区月亮河景观规划设计（建成）等滨海独流入海型。其他还包括阜新市玉龙新区细河河道景观设计（局部建成）、甘肃酒泉市北大河生态治理工程景观规划等北方及干旱区城市河道类型。

五大连池国际低碳生态旅游示范镇规划设计，是清华风景园林针对风景名胜区旅游镇从景观系统构建入手进行规划设计的一次积极尝试。五大连池镇系列规划与设计基于火山特色、地域文化、旅游发展等，进行了概念性规划、总体规划及控制性详细规划、城市设计、示范居住区景观设计、农场新区总体规划及控制性详细规划、老镇景观整治规划的系列研究。其中完整、系统的绿地和开放空间及水系规划是其最突出的特色。

旅游度假区

旅游度假区规划是我国地景规划的一个新兴领域。清华风景园林较早在此领域展开研究。1992年7月，三亚市人民政府、三亚市规划局委托清华大学承担国家旅游度假区规划编制工作，旨在通过规划促进亚龙湾的保护与开发，使其建设成为国际一流的旅游度假胜地。2007，清华团队在四川成都龙门山山地旅游区的国际招标中中标，先后完成了策划、概念规划、总体规划、旅游功能区规划等系列课题。龙门山作为自然文化遗产富集区，其规划目标是在4133平方公里范围内，建设中国领先、世界一流、四季多元、宜游宜居的山地型旅游目的地，统筹城乡、统筹保护和利用，建设国家意义的城乡统筹生态经济示范区和成都市的特色产业发展区。

2006年，为适应我国旅游业的发展需要，加强对旅游度假区规划建设及服务质量的引导，促进我国度假旅游资源的科学开发和保护，国家旅游局联合清华大学景观学系对国内市场进行了广泛调研，制定了《旅游度假区等级划分》（国家标准），据此引导和提升我国旅游度假区的发展，适应当前旅游产业由观光型向度假型的转变。该标准在总结借鉴国内外相关文献资料和技术规范的基础上，根据我国有关法律法规和旅游部门的规章，参照相关国家标准的要求而制定，填补了国内空白。在此基础上，清华风景园林团队还对该标准的管理办法和实施细则进行了进一步的研究。2010年，清华团队还受国家旅游局委托，完成了《中国旅游大辞典》旅游规划相关概念词条编写工作。该项工作是旅游科学研究的重大理论基础工程，也是总结指导旅游发展实践的重大知识工程，其成果将成为旅游学界、业界及行业管理部门的基本工具，也将成为旅游者及大众了解旅游领域的重要工具书。

棕地生态修复

棕地，如工矿废弃用地、垃圾填埋场等，浪费了大量土地资源，并带来一系列生态环境问题。风景园林学对棕地生态修复及可持续利用的研究具有现实意义。朱育帆在温州杨府山垃圾处理场景观项目中[2]，以风景园林师的身份参与到环境保护的传统领域，与环境工程师在此领域进行了跨学科合作的探索。不仅将垃圾处理场作为环境工程的改造对象，也把它作为生态恢复的物质依托，同时利用大地艺术的形式把环境工程设施和园林景观设施作为整体统一规划布局，统筹安排经营。在此探索的基础上提出工程技术、生态恢复、艺术效果相综合的理念。而上海松江辰山采石坑属百年人工采矿遗迹。2000～2004年，上海市及松江区持续对采石坑进行了围护避险工程治理，后进行矿山地质环境综合治理，使其成为上海辰山植物园的一部分。朱育帆在上海辰山植物园矿坑花园的景观重建项目中，通过对建设场地的历史、自然以及空间现状的分析，采取最小干预原则，采用"减法"的设计手法尽量避免人工气息，用锈钢板墙和毛石荒料去表达曾经有过的工业时代气息。通过对现有深潭、坑体、迹地及山崖的改造，形成以个别园景树、低矮灌木和宿根植物为主要造景材料，富含东方山水意蕴[3]。该项目2012年获美国景观师协会（ASLA）颁发的年度总体设计类荣誉奖。

唐山地震是中国20世纪一次巨大的自然灾害，而位于唐山以南1公里的南湖，历经百年开采，地下已形成大面积采空区、并一直作为唐山城市垃圾、废料堆积场和生活污水排放地，其规划设计成为众所关注的重大课题。唐山市政府曾提出"打造南湖中央公园"的战略构想，清华规划院风景园林中心针对南湖复兴的课题，重点关注如何处理南湖棕地与唐山城市的关系，并带动其周边地区的城市发展，如何从湿地利用、土壤复垦等单纯的技术层面提升到城市生态和可持续发展的高度，以及使南湖的开发利用成为唐山城市空间塑造的重要契机和策略等。对于唐山南湖中央公园的研究，可以为资源枯竭型城市加强城市基础设施建设、提高城市开放空间质量、改观城市面貌给予理论与实践上的引导。此部分内容详见其他章节。

其他

大型城市公园作为城市范围内的地景规划内容，也是清华风景园林领域的研究重点。并且一些研究实践是与一些国家重大事件紧密结合的。最具代表性的就是清华风景园林团队规划设计的奥林匹克森林公园。该公园位于北京奥林匹克公园的北区，占地约680公顷，成为北京2008年奥运会的重要组成部分，是贯穿北京南北的中轴线的最北端，为北京市最大的城市公园，也成为北京市中心地区与外围边缘组团之间的绿色屏障，对进一步改善城市的环境和气候具有举足轻重的生态战略意义。此部分内容详见其他章节。

清华风景园林团队从地景规划的角度，还对生物多样性保护进行了积极探索。如在1993年完成的尖峰岭国家热带森林公园总体规划中，针对这一我国现存面积最大、保存最完好、在世界热带原始林生态系统中占有重要地位的热带原始森林，重点探讨了热带雨林生态系统保护与地区社会经济发展之间的矛盾。具体规划内容包括规划规模、规划结构、用地布局、道路系统、旅游接待设施、观光游线、旅游项目等。在基础科研方面，李树华连续获得自然科学基金资助，对城市绿岛动植物多样性分布特征及城市带状绿地生态环境效益的定量研究进行研究。此部分内容详见其他章节。

另外，清华风景园林对国际地景规划的新发展一致保持密切的关注。对于美国近年发展起来的景观都市主义等前沿理论，清华发表了一系列论文、论著予以译介[4]。对其他国际地景规划著作翻译引进还包括《城市与自然过程》（Cities and Natural Process）[5]、《智能城市》（Smart City）等。在实践方面，英国AA景观都市主义课程负责人伊娃卡斯特罗（Eva Castro）从2011年开始任清华风景园林访问教授，她的团队除将景观都市主义课题引入清华课堂，还在国内进行了一系列景观都市主义研究实践，如《前海深港合作区景观与绿化设计专项规划及设计导则》等。

刘海龙

1. 自然文化遗产保护也是地景规划的关键内容，根据本书总体安排将另有专章专述。
2. 朱育帆，郭湧，王迪. 走向生态与艺术的工程设计——温州杨府山垃圾处理场封场处置与生态恢复工程方案[J]. 中国园林，2007(12):41-45.
3. 朱育帆，孟凡玉. 矿坑花园[J]. 园林，2010(5): 28-31.
4. ［美］查机斯·瓦尔德海姆. 景观都市主义[M]. 刘海龙，刘东云等译.北京：中国建筑工业出版社，2011.
5. ［加］迈克尔·哈夫. 城市与自然过程[M].刘海龙，贾丽奇等译. 北京：中国建筑工业出版社，2011.

3.2 城镇及水系规划

3.2.1 颐和园——什刹海·玉渊潭水系规划设计

项目面积：24.16平方公里
规划时间：1992年2月
项目负责人：朱自煊、郑光中、杨锐
设计人员：黄蕾、钟舸、周东光、吕絮飞、魏小梅

受首都规划建设委员会委托，清华大学建筑学院城市规划系于1991年9月开始进行长河及京密引水渠昆－玉段沿岸城市景观规划设计。规划河道全程为"人"字形，北起颐和园昆明湖南端，向南至钟麦桥分流，一支沿南长河向东南，通北护城河入什刹海；一支沿京密引水渠向南，入玉渊潭。它由城市西北郊直入内城，是北京市最重要的水系部分。规划范围为沿河道两侧300～500米。

本规划首先对规划河道及其沿岸区域的历史沿革、文物古迹和滨水活动进行分析，在现状河道基础、土地使用和城市景观的基础之上，结合已有的城市规划、水利规划、道路规划和旅游及园林规划，对长河的价值、长河的问题、城市与河流的关系以及北京河流体系等进行研究与分析。得出本规划的目标为：（1）保护利用这一珍贵的水面，为首都建设服务；（2）加强城市与西北郊风景园林区的空间联系；（3）为广大市民提供休憩场所。

规划构思及原则为：（1）两条水系各具风格；（2）组成不同的景区特色；（3）围合多样的空间形式；（4）保持开放性；（5）创造便捷舒适的交通；（6）突出重点，加强景观节奏感。并最终进行土地使用规划，城市景观规划，道路交通、绿化系统、景区、景点等专项规划，以及节点设计。

周－唐蓟城水系

金中都城水系

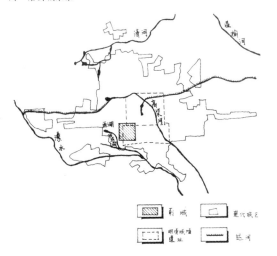

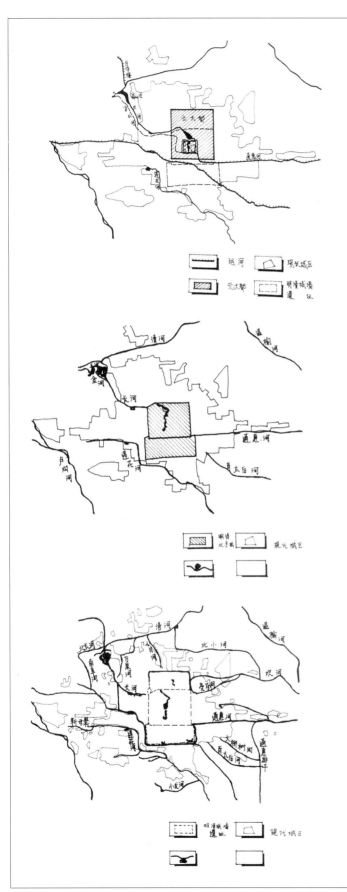

元大都城水系

明清北京城水系

北京现状水系

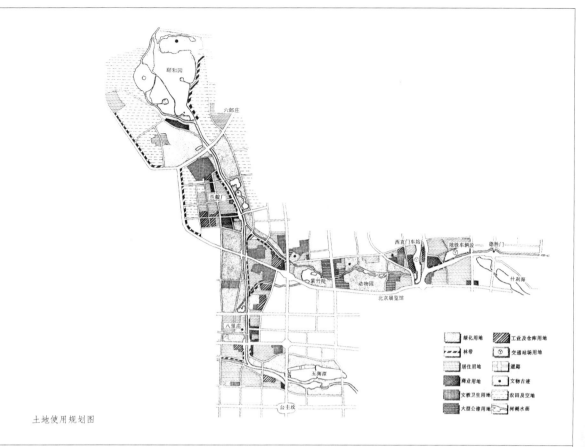

土地使用规划图

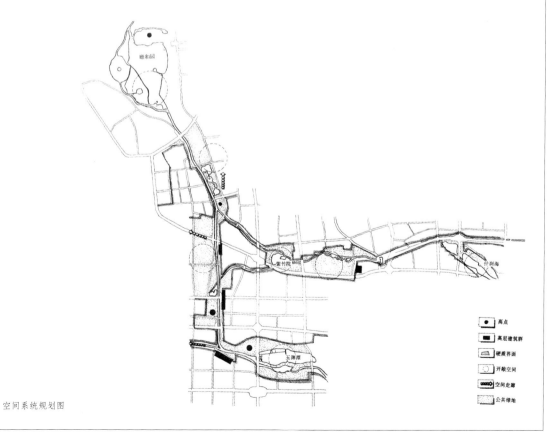

空间系统规划图

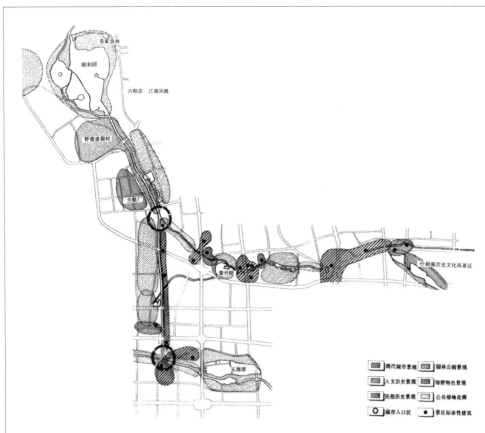

景观区域类型规划图

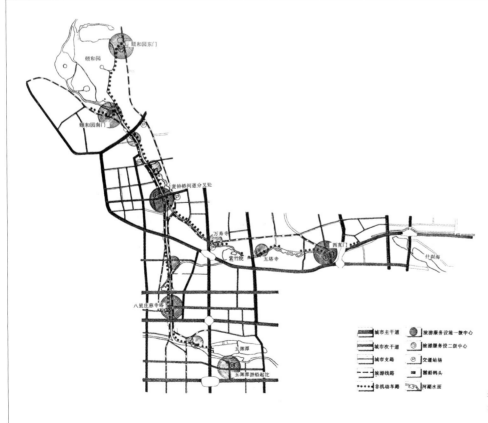

道路交通规划及旅
游服务设施规划图

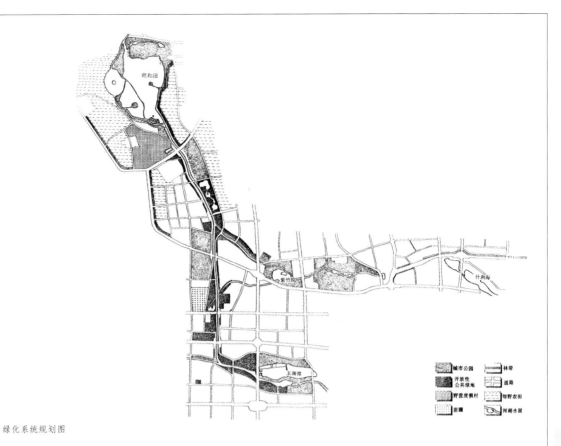

绿化系统规划图

城市公园	林带
开放性公共绿地	道路
野营度假村	郊野农田
苗圃	河湖水面

端景及视廊规划图

原有端景
规划端景
街区聚落
公园及公共绿地
主要视廊

3.2.2 南水北调中线干线工程建筑环境规划

项 目 时 间：2006年6月～2008年8月
项目总负责人：吴良镛
景观专项负责人：朱育帆

2006年6月至2008年8月，清华大学开展了"南水北调中线干线工程建筑环境规划"项目研究。南水北调中线干线工程是一项世界级特大调水工程，干线全长1432公里，主体工程投资超过1500亿，沿线建筑物近2000座，具有线路长、大型工程多、投资大、占地多、沿线文物丰富、对城乡空间发展影响大等特点。"南水北调中线干线工程建筑环境规划"旨在协调规划设计与建设、管理的关系，统筹水利工程与周边地区自然、经济、社会、文化的关系。为完成这项具有很高复杂度的规划设计，清华大学组建了由城市规划、建筑、景观、环境、水利、文化遗产保护、空间信息技术等专业组成的"科学共同体"，对工程沿线进行实地调查研究，探索了"整体论"与"还原论"相结合的科学方法，从"工程性"和"科学性"角度对项目进行整体性的研究和规划设计，并采用甲乙方互动的工作方式，以保障规划成果的良好应用。该项目是人居环境科学理论的实践应用，为实现国务院"人水和谐，协调建设"和"世界一流调水工程要有世界一流的地面建筑环境"的要求奠定了基础，对研究我国乃至世界特大型工程对人居环境的影响具有典型的代表意义，对我国越来越多的特大型国家基础设施建筑环境营造和人居环境建设具有示范意义。

著作：
吴良镛等.南水北调中线干线工程建筑环境规划[M].北京：电子工业出版社，2013.

获奖：
1.北京市优秀城乡规划设计奖一等奖（2011年）
2.全国优秀城乡规划设计奖三等奖（2011年）

通过南水北调中线干线工程凝聚弱势空间形成合力示意图

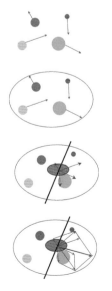

南水北调中线景观走廊与文化空间网络示意图

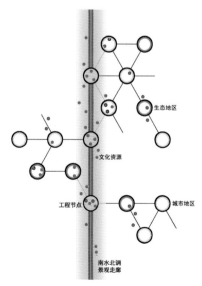

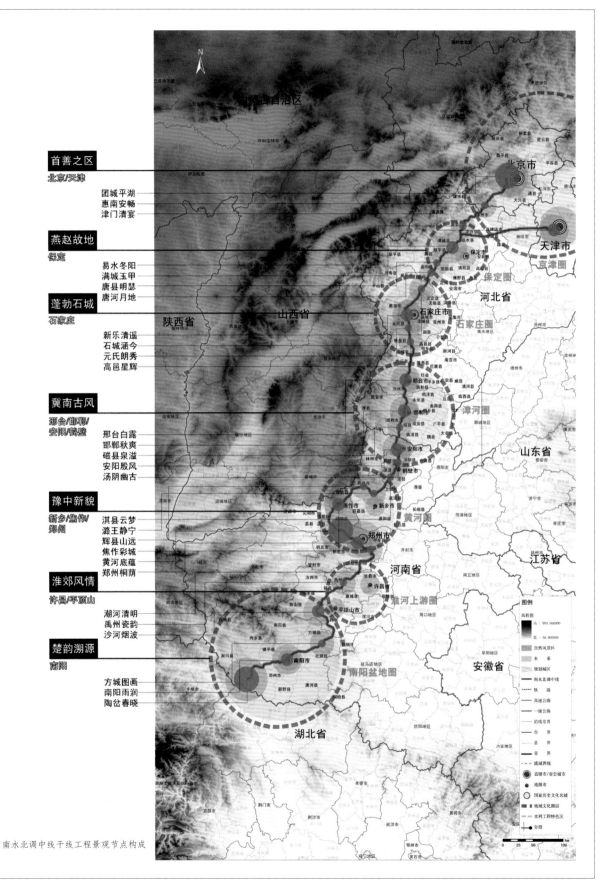

首善之区
北京/天津
　团城平湖
　惠南安畅
　津门清宴

燕赵故地
保定
　易水冬阳
　满城玉甲
　唐县明瑟
　唐河月地

蓬勃石城
石家庄
　新乐清遥
　石城涵今
　元氏朗秀
　高邑星辉

冀南古风
邢台/邯郸/
安阳/鹤壁
　邢台白露
　邯郸秋爽
　磁县泉溢
　安阳殷风
　汤阴幽古

豫中新貌
新乡/焦作/
郑州
　淇县云梦
　潞王静宁
　辉县山远
　焦作彩城
　黄河底蕴
　郑州桐荫

淮郊风情
许昌/平顶山
　潮河清明
　禹州瓷韵
　沙河烟波

楚韵溯源
南阳
　方城图画
　南阳雨润
　陶岔春晓

南水北调中线干线工程景观节点构成

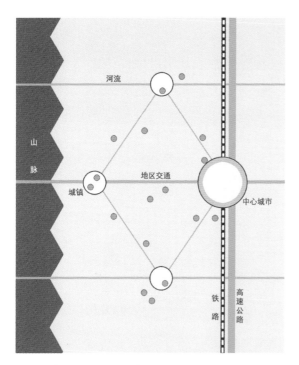 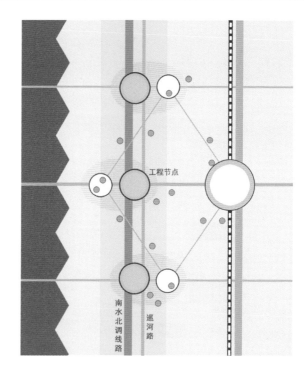

南水北调中线工程与区域空间结构变化

石家庄古运河枢纽景观规划设计示意图

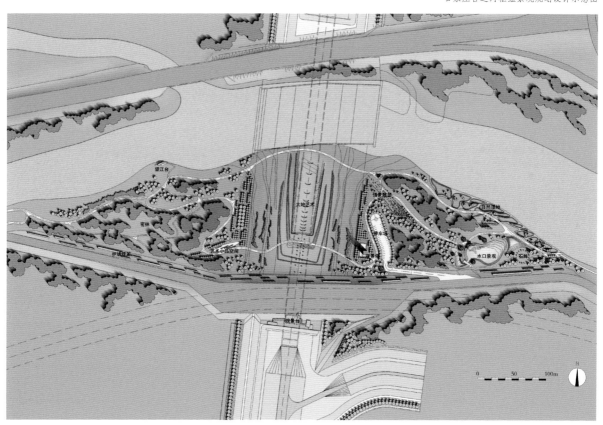

3.2.3 福州江北城区水系整治与人居环境建设研究

项目面积：15980公顷

建成时间：2010年1月

参与人员：林文棋、刘海龙、梁尚宇、余婷、杨冬冬、王志伟、莫珊等

福州始建于西汉初，迄今已达两千多年，是我国第二批国家级历史文化名城。沧海桑田，福州城市格局随山水而发展，"山 — 水 — 城"始终相依相伴。内河水系作为福州山水城市的灵魂，是福州古城格局的框架、闽都文化的载体、当代城市生活的舞台。近现代以来，随着福州发展规模扩大，密度提高，城市山水格局逐渐湮灭，城市水系功能几近瘫痪，城市人居环境恶化：水量时空不均，导致经常洪涝成灾；污水直排、垃圾淤积，导致水质严重恶化；空间隔离，导致周边居民活动与水系分离；用地各自为政，导致水系与其周边绿地、社区、商业功能脱节；交通阻隔，导致居民出行与水系及周边交通发生冲突。

本研究在人居环境科学理论指导下，秉持历史、坚持整体视野，以人为本，以水为纽带，试图恢复福州人水交融的人居环境特色。基于融贯综合研究方法，梳理了福州水系历史文化、流域水文过程、人口与交通出行，现状水系及整治等问题，并对以往围绕水系展开的各类规划进行整合，从宏观流域、中观子流域、微观滨河空间三个尺度展开研究与规划设计，针对防洪排涝与水质改善、蓝绿道与慢行系统、历史文化骨架、社会服务设施等问题有针对性提出了规划策略，并重点提出截污分级处理、滨水空间融合、市民活动场所、城区慢行系统、内河水上交通等具体设想和方案安排。

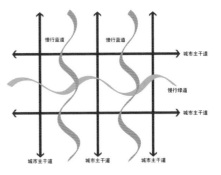

蓝绿道选线模式图

福州江北城区水系流域

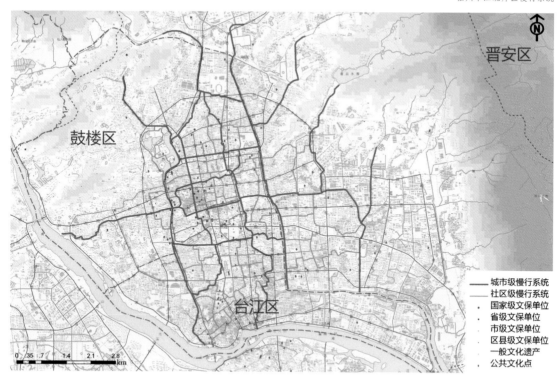

福州市江北片区慢行系统

晋安区

鼓楼区

台江区

——	城市级慢行系统
——	社区级慢行系统
·	国家级文保单位
·	省级文保单位
·	市级文保单位
·	区县级文保单位
·	一般文化遗产
·	公共文化点

0 .35 .7 1.4 2.1 2.8 km

福州市江北片区公共文化点分布

福州市江北片区老年设施配置重点

福州市江北片区历史文化点分布

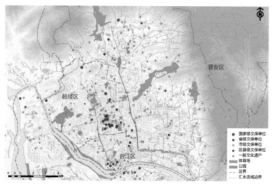

福州市江北片区慢行系统服务范围

建成照片

3.2.4 《城市与自然过程——迈向可持续性的基础》

（*Cities and Natural Process: A Basis for Sustainability*）

作　　者：(加)迈克尔·哈夫
译　　者：刘海龙、贾丽奇、赵智聪、庄优波、邬东璠
出 版 社：中国建筑工业出版社
出版时间：2012年1月

　　本书是对一种可持续的城市未来的探寻。随着公众对能源储备、自然系统及环境保护等问题的日益关注，培育一种自然进程和城市化过程能够和谐共存的共赢环境（Rewarding Environment），已成为21世纪的渴望与挑战。本书作者对不断运行着的自然进程，以及它们在城市环境中如何发生改变等等问题进行了探讨，并由此提出一个设计框架，目的在于获取一种替代性的、更接近环境本质的城市观。通过考察自然和人文过程以及它们之间的平衡关系，本书揭示了新的价值观是如何颠覆了传统的、以建设为主要目的的上述关系。本书将对城市设计和环境规划方面的研究与实践提供重要参考，对于发挥城市的潜力，使之在环境、经济和社会等方面皆可持续，也提供了重要的借鉴。

3.2.5 《景观都市主义》
（*The Landscape Urbanism Reader*）

作　　者：（美）查尔斯·瓦尔德海姆
译　　者：刘海龙、刘东云、孙璐
出 版 社：中国建筑工业出版社
出版时间：2011年2月

　　景观都市主义的概念最早由查尔斯·瓦尔德海姆于1997年提出。其研究和实践，主要是针对北美的分散化、低密度城市水平向蔓延现象，进而走向对现代主义以来的城市规划、建筑学和景观学的思想、方法、手段的反思。景观都市主义者一直致力于把针对北美城市化问题的经济、社会和地理研究成果与规划设计学科理论反思及实践手段相结合，旗帜鲜明地提出了自身的批判性主张，触及学科重组，激发专业革新，并整合当前城市更新、改造的前沿和热点问题[1]，因此在学术界和实践领域很快有了较高的影响力。查尔斯本人更侧重理论研究，而詹姆斯·科纳（James Corner）等人则以一系列实践作品扩大了景观都市主义的影响力，如纽约高线公园（High Line）、清泉公园（Fresh Kill）等。目前北美一些前沿设计学院的执掌者均为景观都市主义者的拥趸，如哈佛大学、宾夕法尼亚大学等。另外英国建筑联盟建筑学院（Architecture Association）开设了"景观都市主义"研究生课程，并形成独特的研究方法，相对而言，城市化蔓延现象在欧洲及世界许多地区都出现，但相对北美，欧洲城市仍较趋紧凑和集中。而欧洲在城市设计、古典主义园林、城市公园、林荫大道等方面的历史更为悠久。因此与北美景观都市主义更多针对分散城市化现象及后工业城市更新问题不同，欧洲景观都市主义的发展更多强调从欧洲的建筑、城市传统及当代所面临的困境中走出来，强调后结构主义的作用，试验从景观途径入手找到城市设计甚至建筑设计的新手段、技术和新模式，探索城市景观生成和组织的各种可能性。

1. 如后工业场地修复、改造、基础设施景观等。

3.3 旅游度假区

3.3.1 亚龙湾国家旅游度假区总体规划

项目面积：约18.2 平方公里
规划时间：1992年
参与人员：郑光中、边兰春、杨锐等
项目顾问：朱自煊

亚龙湾位于中国海南省三亚市境内，风景优美、景观独特，具有很高的观赏价值，在国内外享有盛名，也是中国确定的11个国家旅游度假区之一，在海南岛大旅游体系规划中地位突出。一九九二年七月三亚市人民政府、三亚市规划局委托清华大学承担国家旅游度假区规划编制工作，旨在通过规划促进亚龙湾的保护与开发，使其建设成为国际一流的旅游度假胜地。

根据《三亚旅游区域规划》，以三亚市为中心向北辐射8100平方公里扇形区域内分布有19个风景名胜区与自然保护区，115个景点。众多的景区与景点形成强大的规模优势，有力地促进以亚龙湾为龙头的整个区域旅游发展。亚龙湾国家旅游度假区是以热带海洋风光、南国民族风情、中国传统文化为特色的国际一流避寒度假旅游胜地，其范围是南起海岸线，北至海榆东线，东起月亮湖，西至红光水库的约18.2平方公里的陆域范围。

经过开发优势与制约因素分析、景源评价与视觉空间分析、市场需求预测和发展战略目标分析规划等步骤，将亚龙湾国家旅游度假区的规划原则制定为以下几点。

(1) 特色原则。要求规划在对不同层次旅游区及内容研究基础上，在对自身资源、环境、社会经济情况深入调研前提下，确立亚龙湾国家旅游度假区独具特色的整体氛围、建筑风格和游览内容。

(2) 生态原则。最根本的要求是在有效保育基础上适度开发，要求规划在调查研究整个风景旅游区生态系统特点与机制前提下，确定正确处理保育与开发之间关系的方式方法和措施，最终使规划达到保持整个风景旅游区生态平衡、并促进生态系统中各因素协调发展的目标。

(3) 弹性原则。其一，某一时期的规划思想和规划技术都有其时代性限制，在有限的时间物力条件下，风景区不可能有一劳永逸的理想规划；另一方面，风景资源是子孙万代的共同财富，一经破坏很难恢复，因此开发要留有余地，为后人更好更精彩的发挥提供可能。其二，中国目前正处在改革开放的时代性潮流中，社会主义市场经济必然会对风景旅游区规划产生重大影响，会在开发过程中出现不可预见的随机性因素，因此在建设目标与时间上应具有一定伸缩性。

(4) 持续原则。强调促进度假区的经济、环境与社会的持续协调发展，要求规划充分重视对开发序列的研究。在保证整个规划区域持续发展与稳定繁荣的前提下，认真研究每个阶段尤其是起步阶段的选址、优先项、投资方向、开发方式、机制等问题，从而达到每一阶段的相对最优效益。

(5)系统原则。强调规划的系统性与综合性。规划对象包括由若干子系统构成的大系统——风景点与观景点系统、环境与生态系统、基础设施系统、游务设施系统、居民社会系统、经济系统。规划分为系统研究、系统规划、实施规划等三个层次，从而使规划具有可操作性。首先是系统研究层次，然后是系统规划层次，最后是实施规划层次，从而使规划具有可操作性。

根据逐步开发建设的特点，规划方案考虑采用点线面相结合的规划结构，即以多个结点为核心，以道路系统为骨架，全区散步相对独立的度假或别墅组团，形成点线面有机结合的规划结构。整个规划结构的意象是形成以公共活动中心为集镇，以独家组团和别墅组团为村落的度假区布局模式。

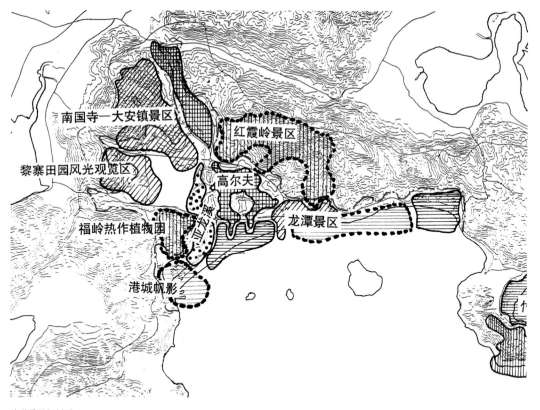

南国寺—大安镇景区

红霞岭景区

黎寨田园风光观览区

高尔夫

福岭热作植物园

龙潭景区

港城帆影

旅游景区规划图

游务设施规划图

主要景点及视廊规划图

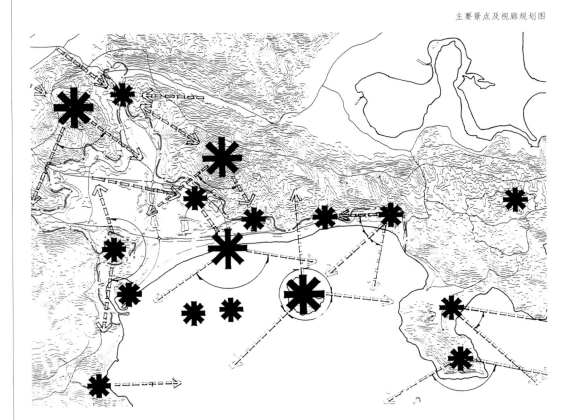

3.3.2 成都市龙门山旅游区规划

项目面积：4133平方公里
建成时间：2007年8月～2008年11月
项目主持人：杨锐
项目负责人：刘海龙、邓冰
合作单位：北京清华城市规划设计研究院风景旅游数字技术研究所
　　　　　瑞士库尔应用科技大学旅游与休闲研究所
　　　　　成都规划设计研究院

龙门山位于四川成都市西部，其旅游业发展自20世纪80年代以来取得了令人瞩目的成绩。但总体还存在缺乏整体旅游形象与品牌，缺乏差异化特色产品，市场号召力不足及旅游基础设施水平较低等问题。2007年，成都市委、市政府提出对成都龙门山旅游资源进行整体开发。在2007年11月进行的"龙门山国际山地旅游大区策划"国际投标中，清华大学提交的策划方案中标。之后，清华大学受委托继续完成了龙门山旅游区的概念规划、总体规划、功能区规划。期间遇

龙门山国际山地旅游大区策划——总体结构

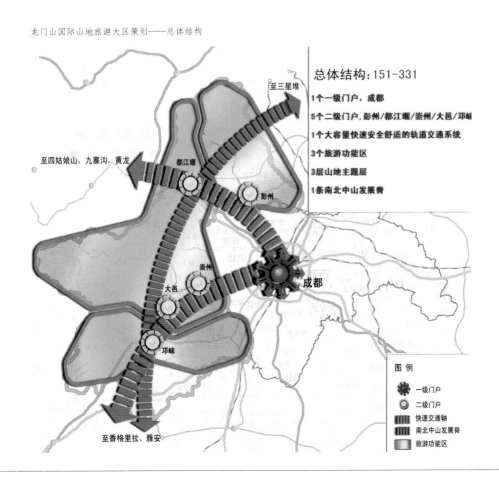

总体结构：151-331

1个一级门户，成都

5个二级门户，彭州/都江堰/崇州/大邑/邛崃

1个大容量快速安全舒适的轨道交通系统

3个旅游功能区

3层山地主题层

1条南北中山发展脊

图例

一级门户
二级门户
快速交通轴
南北中山发展脊
旅游功能区

到了5.12汶川地震，规划区蒙受较大损失。项目组对震后规划区展开了补充调研，有针对性地进行了一系列专题研究，重点制定了龙门山旅游区公共安全与综合防灾减灾体系。策划与概念规划以"遗产安全、文化注魂；公共安全，保障发展；生态安全，城乡和谐；旅游富民，民护旅游；城乡一体，高位发力"为核心理念，制定了"一体化，品牌化"，"交通先行，快旅慢游"，"农业旅游化，旅游产业化"，"创新管理模式，扩大政策弹性"以及"政府主导，多方合作"等战略途径，树立了"建设中国领先、世界一流、四季多元、宜游宜居的山地型旅游目的地"的目标，完成了包括总体结构、功能分区、交通、生态保护、城镇体系与服务基地等规划内容。总体规划作为成都市总体规划的专项内容，是龙门山旅游区规划范围内的空间体系规划，兼容旅游发展规划的内容，着重体现控制和引导的作用，包括性质、目标、战略与规模、空间结构规划、功能区划与管理政策规划、遗产、生态与环境保护、道路交通系统规划、建设用地调控规划、旅游系统调控规划、城镇分类引导规划、乡村分类引导规划、旅游景区分类引导规划、基础设施规划等。功能区规划主要应对成渝城乡统筹综合改革配套试验区的建立，以及构建"世界现代田园城市"目标的提出，综合评价了龙门山的旅游吸引力，强调依托龙门山的自然和文化遗产资源，基于其生态优势和农业基础，大力发展山地旅游和休闲度假产品及产业，推动5大核心产品体系、18大品牌产品、17个重点项目、7条旅游产业链、7个旅游发展起步区。

成都市龙门山旅游区规划基本信息

项目名称	项目时间	参与人员		
		清华大学	成都规划设计研究院	瑞士库尔应用科技大学
龙门山（成都段）与阿尔卑斯山（瑞士段）对比研究	2007年8月~2007年11月	杨锐、刘海龙、邓冰、杨明、陈英瑾等	——	Jon Andrea Schocher、Daniel Andreas Walser
龙门山国际山地旅游大区策划	2007年9月~2007年11月	杨锐、刘海龙、邓冰、杨明、邹东璠、陈英瑾、王劲韬、庄优波、阎克愚、牛牧菁、潘运伟、薛飞、武丽娟、钱珍、张峰、董瑜等	——	——
成都市龙门山旅游区概念规划	2007年11月~2008年1月	杨锐、刘海龙、邓冰、杨明、邹东璠、陈英瑾、王劲韬、庄优波、阎克愚、牛牧菁、吕琪、张思元、潘运伟、薛飞等	——	Thomas Schubert
成都市龙门山旅游区总体规划	2008年4月~2008年11月	杨锐、刘海龙、邓冰、杨明、陈英瑾、孔松岩、王川、薛飞、潘运伟、郑光霞、秦芳、阎克愚、牛牧菁等	胡滨、薛晖、阮晨、汪小琦	——
成都市龙门山生态旅游综合功能区规划	2010年5月~2011年7月	杨锐、刘海龙、党安荣、邓冰、朱战强、陈杨、张艳、许庭云、程冠华、潘运伟		

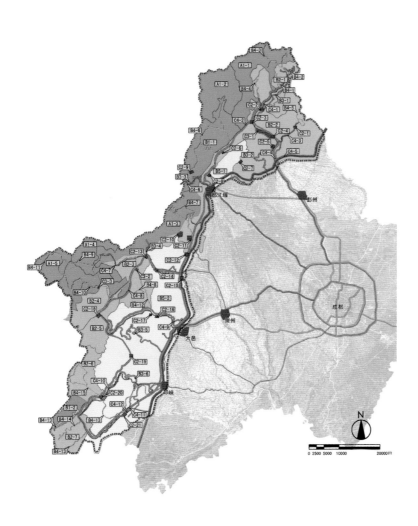

龙门山国际山地旅游大区策划——功能分区索引图

分类序号	分区编号	分区名称
	A	资源严格保护区
1	A1—（1~5）	自然保护区核心区
	A1—1	白水河国家级自然保护区
	A1—2	龙溪-虹口国家级自然保护区
	A1—3	大熊猫栖息地世界自然遗产核心区
	A1—4	鞍子河省级自然保护区
	A1—5	黑水河省级自然保护区的核心区
	B	资源有限利用区
2	B1—（1~2）	生物廊道恢复区
	B1—1	龙溪-虹口自然保护区到都江堰之间的山地区域
	B1—2	南宝山山地区域
3	B2—（1~7）	山地旅游发展区
	B2—1	龙门山国家级风景名胜区
	B2—2	龙门山国家地质公园
	B2—3	鹤鸣山-雾中山山地旅游发展区
	B2—4	西岭雪山国家级风景名胜区
	B2—5	西岭雪山-南宝山中间区域
	B2—6	南宝山山地旅游发展区
	B2—7	天台山国家级风景名胜区
4	B3—（1~6）	水域观光区
5	B4—（1~7）	徒步/自行车观光区
	B4—1	九峰山休闲观光
	B4—2	银长沟-马鬃岭避暑漫步路线
	B4—3	太子城飞来峰国际考察路线
	B4—4	回龙沟路线
	B4—5	塘坝子-葛仙山飞来峰科普路线
	B4—6	龙溪虹口路线（威尔逊之路）
	B4—7	青城山探幽体验路线
	B4—8	西岭-琉璃坝国际自然保护论坛小径路线
	B4—9	鸡冠山熊猫体验路线
	B4—10	西岭雪山滑雪探险路线
	B4—11	大雪塘登顶探险路线
	B4—12	鹤鸣山-雾中山宗教溯源体验路线
	B4—13	南方丝绸之路体验路线
	B4—14	天台山生态路线
	B4—15	南宝山生态路线
6	B5—（1~2）	田园观光区
	C	建设区
7	C1	现状总建设用地
8	C2—（1~21）	新增建设用地
	C2—1	白罐镇
	C2—2	龙门山镇
	C2—3	小渔洞镇
	C2—4	通济镇
	C2—5	新兴镇
	C2—6	虹口乡
	C2—7	向峨乡
	C2—8	紫坪铺镇
	C2—9	龙池镇
	C2—10	泰安镇
	C2—11	青城山镇
	C2—12	街子镇
	C2—13	苟家乡
	C2—14	文井江镇
	C2—15	怀远镇
	C2—16	悦来镇
	C2—17	鹤鸣乡
	C2—18	西岭镇
	C2—19	大同乡
	C2—20	火井镇
	C2—21	平乐镇
9	C3—（1~2）	新增独立旅游设施建设用地
	C3—1	蜀山涵江旅游度假区
	C3—2	琉璃坝蜀山论坛旅游度假区
	C3—3	西岭雪山运动度假区
10	C4—（1~11）	新增道路交通建设用地
	C4—2	蜀山C线-小镇线
	C4—4	蜀山D线-涵江线
	C4—8	蜀山E线-西岭线
	C4—11	蜀山F线-丝路线

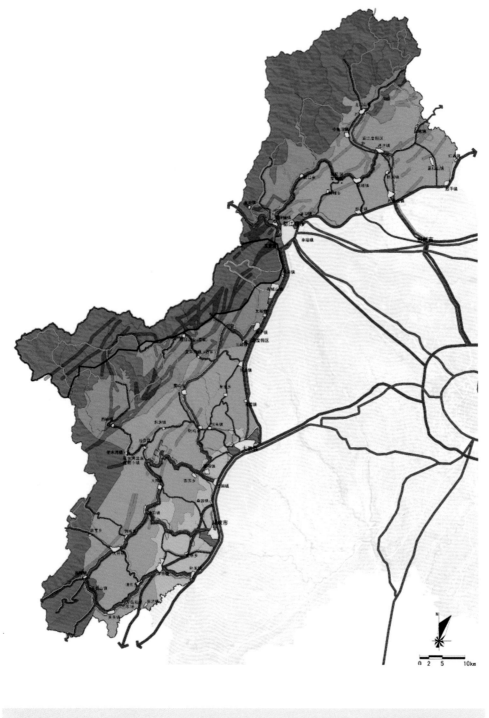

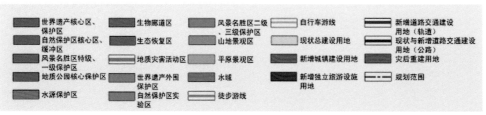

成都市龙门山旅游区总体规划——功能区划细分图

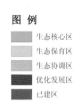

图　例
- 生态核心区
- 生态保育区
- 生态协调区
- 优化发展区
- 已建区

生态综合性分区	面积（km²）
生态核心区	2166.25
生态保育区	3587.32
生态协调区	122.55
优化发展区（含已建区）	1084.11
总计	6960.23

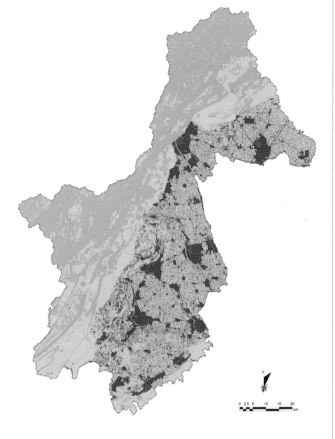

成都市龙门山生态旅游综合功能区规划——生态综合分区分析图

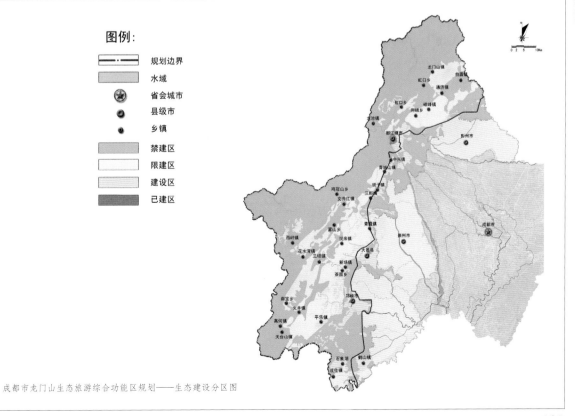

图例：
- 规划边界
- 水域
- 省会城市
- 县级市
- 乡镇
- 禁建区
- 限建区
- 建设区
- 已建区

成都市龙门山生态旅游综合功能区规划——生态建设分区图

3.3.3 《旅游度假区等级划分》
（GB/T 26358—2010）

项 目 来 源：国家旅游局
项 目 编 号：20010309-T-420
项 目 时 间：2006年3月~2008年11月
主　持　人：杨锐
项目负责人：邬东璠
参 与 人 员：刘海龙、杨明、江权、贾丽奇、史舒琳、程冠华、张振威、
　　　　　　王应临、赵智聪

为适应我国旅游业的发展需要，加强对旅游度假区规划建设及服务质量的引导，促进我国度假旅游资源的科学开发和保护，国家旅游局联合清华大学景观学系对国内市场进行了广泛调研，制定该标准，以据此引导和提升我国旅游度假区的发展，适应当前旅游产业由观光型向度假型的转变，填补相关标准的空白。该标准在总结借鉴国内外相关文献资料和技术规范的基础上，根据我国有关法律法规和旅游部门的规章，参照相关国家标准的要求而制定。该标准主要通过资源、区位、市场、空间环境、设施与服务及管理等六个方面的条件，对各类综合性旅游度假区进行等级划分，共分为国家级和省级两个等级。该标准的制定将有效引导旅游度假区的规划建设与管理，在充分体现资源可持续利用理念的前提下，促进我国度假产品与度假服务品质的提升，以达到产业发展与生态环境保护的双赢。在此基础上，还对该标准的管理办法和实施细则进行了进一步的研究。

ICS 03.200
A 12

中华人民共和国国家标准

GB/T 26358—2010

旅游度假区等级划分

Resort rating

2011-01-14 发布　　　　　　　　　2011-06-01 实施

中华人民共和国国家质量监督检验检疫总局 发布
中 国 国 家 标 准 化 管 理 委 员 会

3.3.4 《中国旅游大辞典》旅游规划相关概念辞条编写

项目来源：国家旅游局
项目编号：DCD012
项目时间：2010年3月～2011年11月
主 持 人：杨锐
参与人员：邬东璠、庄优波、林广思、陈英瑾、程冠华、贾丽奇、
　　　　　赵智聪、许晓青、王应临、张振威、郑晓笛

《中国旅游大辞典》是2010年国家旅游局的省部级重点课题。在大课题下设系列子课题，由研究院分别下发任务书。《中国旅游大辞典》是旅游科学研究的重大理论基础工程，也是总结指导旅游发展实践的重大知识工程，其成果将成为旅游学界、业界及行业管理部门的基本工具，也将成为旅游者及大众了解旅游领域的重要工具书。作为一个具有里程碑意义的标志性重大理论工程，需汇集旅游学界精英共同研究总结和编撰，汇集集体智慧，形成高水平的研究成果。清华大学承担其中"旅游规划"相关词条的子课题，共编纂相关一级词条1个，二级词条21个，三级词条76个。

地景规划与生态修复

3.4 棕地生态修复与设计

上海市辰山植物园矿坑花园景观设计

项目面积：4.3公顷
建成时间：2010年
参与人员：朱育帆、姚玉君、孟凡玉、王丹、严志国、翟薇薇、郭畅、孟瑶、冯纾苨、
　　　　　张振威、孙建宇、何晓洪、崔爱军

辰山位于松江区松江镇北偏西约9公里，采石坑属百年人工采矿遗迹。2000年～2004年，上海市及松江区持续对采石坑进行了围护避险工程治理。为保护矿山遗迹，加快生态矿山、美化环境建设，结合上海辰山植物园的建设，经申报，由国土资源部、财政部批准立项，地方配套出资对该采石坑进行矿山地质环境综合治理，使其成为上海辰山植物园景观的一部分，成为人们观赏游览的好去处。

矿坑花园位于上海植物园西北角，邻近西北入口。主要通过绿环道路和辰山市河边主路与整个植物园相连。在辰山植物园整体规划中，矿坑定位为建造一个精致的特色花园，总体目标是成为国内首屈一指的园艺花园，项目主题是修复式花园。通过对现有深潭、坑体、迹地及山崖的改造，形成以个别园景树、低矮灌木和宿根植物为主要造景材料，构造景色精美、色彩丰富、季相分明的沉床式花园。

构思特点：

1. 最小干预原则的后工业景观

尽量保持其具有石质质感的自然风貌，采用"减法"的设计手法尽量避免人工气息，用锈钢板墙和毛石荒料去表达曾经有过的工业时代气息。

2. 东方山水意蕴

设计立意源于中国古代"桃花源"隐逸思想，利用现有的山水条件，设计瀑布、天堑、栈道、水帘洞等与自然地形密切结合的内容，深化人对自然的体悟。利用现状山体的皴纹，深度刻化，使其具有中国山水画的形态和意境。同时参考嘉庆府志载，立意于辰山"十景"：洞口春云、镜湖晴月、金沙夕照、甘白山泉、五友奇石、素翁仙家、丹井灵源、崇真晓钟、义士古碑、晚香遗址。

3. 植物景观

以空间结构为设计基础（保证整体性），以精细的质感为设计诉求，植物材料满足植物园展示、科教功能，植物空间层次丰富、结构合理、色彩雅致。

论文：
朱育帆，孟凡玉. 矿坑花园[J]. 园林, 2010(5): 28-31.
获奖：
荣获2012年美国景观师协会（ASLA）年度总体设计类荣誉奖

总体鸟瞰

平面图

分析图

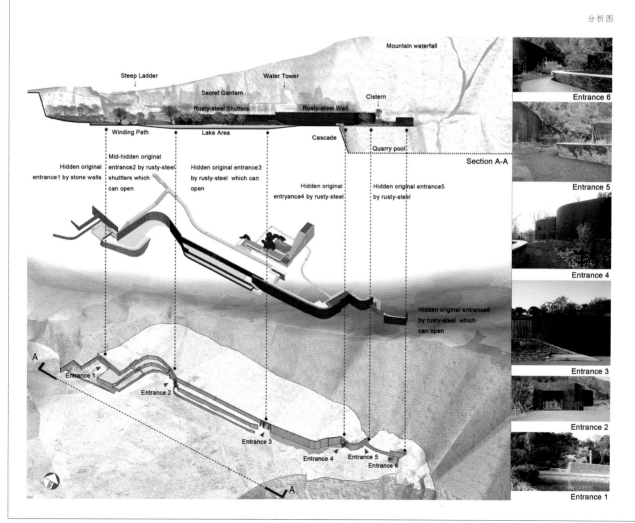

Mountain waterfall

Steep Ladder

Water Tower

Secret Gardern

Cistern

Rusty-steel Shutters

Rusty-steel Wall

Winding Path

Lake Area

Cascade

Section A-A

Quarry pool

Hidden original
entrance1 by stone walls

Mid-hidden original
entrance2 by rusty-steel
shuttters which
can open

Hidden original entrance3
by rusty-steel which can
open

Hidden original
entryance4 by rusty-steel

Hidden original entrance5
by rusty-steel

Hidden original entrance6
by rusty-steel which
can open

A

A

Entrance 1

Entrance 2

Entrance 3

Entrance 4

Entrance 5

Entrance 6

Entrance 6

Entrance 5

Entrance 4

Entrance 3

Entrance 2

Entrance 1

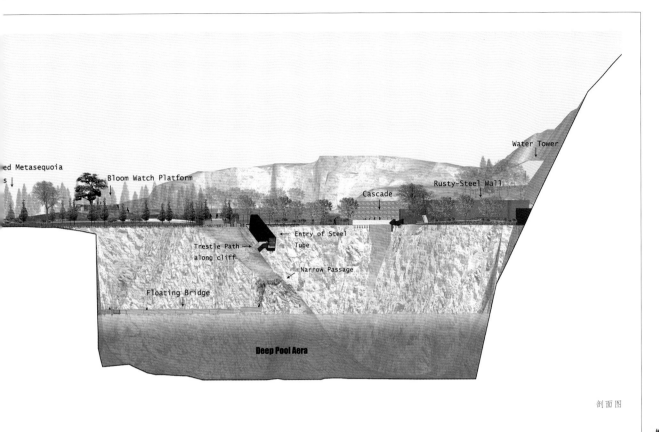

ed Metasequoia

Bloom Watch Platform

Water Tower

Rusty-Steel Wall

Cascade

Entry of Steel Tube

Trestle Path along cliff

Narrow Passage

Floating Bridge

Deep Pool Aera

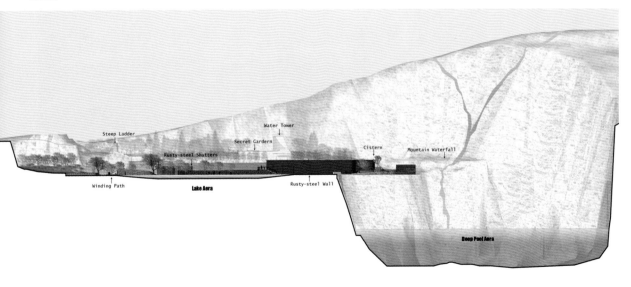

Steep Ladder

Water Tower

Secret Gardern

Rusty-steel Shutters

Cistern

Mountain Waterfall

Winding Path

Lake Aera

Rusty-steel Wall

Deep Pool Aera

建成照片

地景规划与生态修复

4 风景园林遗产保护

4.1 综 述

清华大学在自然与混合遗产保护领域，具有悠久的科研实践历史，参加了多项国家和地方重点科研实践项目，并形成了科研与实践相结合、科研与教学相结合的特色，满足了不同时期国家保护与建设事业的需要。20世纪主要科研实践项目包括：70年代的普陀山风景名胜区规划（1979年）；80年代的黄山风景名胜区规划（1980~1982年）、自流井恐龙风景区规划（1985年）；90年代的都江堰风景名胜区规划（1990年）、三亚亚龙湾国家旅游度假区规划设计（1992年）、海南尖峰岭国家森林公园规划设计（1993年）、三峡水利枢纽地区风景旅游可行性研究与总体规划（1994年）、滇西北国家公园与保护区体系建设规划（1998年）、泰山风景名胜区总体规划（1999年）等。进入21世纪以来，自然遗产保护的科研实践领域进一步扩大。清华大学风景园林学从2003年设立之初就把自然遗产、混合遗产、文化景观的保护作为学科建设的重要方向。科研实践领域除了传统的风景名胜区(国家公园与保护区)保护管理外，还包括：世界自然/混合遗产地价值识别与保护管理规划；多尺度遗产体系和遗产网络构建、文化景观保护等；并注重科研与教学结合，为人才培养奠定基础。

风景名胜区（国家公园与保护区）保护管理

清华大学建筑学院是中国最早从事风景名胜区保护研究的机构之一，出版有《中国名山风景区》(1996年)等学术专著，在风景区研究领域具有完备的理论和技术研究基础。在风景名胜区规划及相关领域积累了大量研究成果，具有较高的权威性。

学科带头人杨锐教授自1991开始作为项目负责人承担与自然文化遗产保护相关的科研和重要实践项目20余项，发表学术论文40余篇；现任清华大学建筑学院景观学系主任，高等学校风景园林学科专业指导小组组长，中国风景园林学会

副秘书长、常务理事，中国风景名胜区协会理事；《中国园林》副主编，中国风景园林学会历史理论与遗产保护专业委员会（筹）负责人，住房和城乡建设部风景园林专家组成员，中国森林风景资源评价委员会委员，全国林业系统国家级自然保护区评审委员会委员等。

依托清华大学资源保护和风景旅游研究所和北京清华城市规划设计研究院的实践平台，清华大学承担了多项风景名胜区相关的国家和地方重点实践项目，包括泰山风景名胜区总体规划（1999年至今）、镜泊湖国家重点风景名胜区总体规划（2000~2001年）、三江并流风景名胜区梅里雪山景区总体规划（1999~2002年）、三江并流风景名胜区老君山地区总体规划（2003~2004年）、三江并流风景名胜区千湖山景区总体规划（2004~2005年）、黄山风景名胜区总体规划（2002~2007年）、武汉东湖风景名胜区概念性总体规划（2007~2008年）、青海坎布拉旅游目的地概念性总体规划（2007-2008年）、以及泰山红门景区详细规划（2001年）、泰山天外村景区详细规划（2001年）、嵩山少林景区核心地段详细规划（2002-2003年）等。

近年来在风景名胜区研究方面清华大学承担了多项国家和地方重点科研项目，包括：风景名胜区缓冲区保护管理理论与实践研究(2010~2012年，国家自然科学基金项目50908126)、基于多重价值识别的风景名胜区社区规划研究(2012~2015年，国家自然科学基金项目51278266)、中国科学技术协会主编《2009-2010风景园林学科发展报告》专题报告之风景名胜区研究等。

在科研实践过程中，注重国际先进理念与国内实际问题相结合，在国家公园与保护区国际经验和趋势介绍、国内现状和问题分析、规划程序、规划内容和方法技术等方面进行了持续和深入的探讨，积累了大量研究成果，包括核心期刊论文40

余篇、博士学位论文近10篇、硕士学位论文20余篇。

在国际经验借鉴方面，提出世界国家公园和保护区运动在保护理念上的4大转变：在保护对象上，从视觉景观保护走向生物多样性保护；保护方法上，从消极保护走向积极保护；在保护力量上，从政府一方走向多方参与；在空间结构上，从散点状走向网络状[1]对以美国为代表的各国国家公园和保护区进行重点研究，包括规划体系、游客管理、界外管理等[2,3]。

在国内现状和问题分析方面，分析了包括风景名胜区、自然保护区等的中国自然文化遗产现状，总结了管理不到位的7种原因：认识不到位、立法不到位、体制不到位、技术不到位、资金不到位、能力不到位和环境不到位[4]，阐述了改进中国自然文化遗产资源管理的4项战略（科学为本，全面创新；上下启动，多方参与；三分结合，集散有序；一区一法，界权统一[5]）；并从立法、体制改革、技术支持、社会支持、规划管理、资金以及能力建设等7个方面探讨改进中国自然文化遗产管理的政策途径，提出了41项行动建议[6]。

在规划程序方面，借鉴卡尔·斯坦尼兹（Carl Steinitz）景观规划的6个步骤，将整个规划过程分7个阶段：调查、分析、资源评价、规划、影响评价、决策和实施[7]。相比于之前的规划程序，增加了影响评价和多方案比较环节[8]，并将决策和实施环节纳入规划过程。

在规划内容方面，对传统的规划内容进行了很多改进，包括从物质规划到管理规划、从硬性规划到软硬结合、从单一学科到学科融贯、从问题导向到问题和目标结合导向，实施目标规划、战略规划和实施计划3个层次协同规划等。

规划方法技术方面，吸收借鉴国外先进的技术方法，结合风景名胜区的实际需要，因地制宜制定适用于特定风景区的规划技术和方法。主要探索包括：资源评价从视觉景观评价到资源价值和敏感度评价；保护对象从视觉景观保护到生态和文化多样性保护；保护措施从分类分级保护到整体有效保护；容量测算从人数计算到环境影响监测[9-11]；旅游规划从游览空间和设施规划到游客体验和影响管理规划[12]；社区规划从居民搬迁到社区受益、社区参与、缓冲区协调[13]；分区规划从功能分区到政策分区[14]；对边界进行重新认知、对划定方法进行研究[15]；以及GIS和计算机技术在规划管理中的应用[16]等。

这些理论探索和实践得到了国内外广泛的认可。"泰山风景名胜区总体规划"被作为经典案例收录进《风景规划:风景名胜区规划规范实施手册》中。《三江并流风景名胜区梅里雪山景区总体规划》在资源保护等级光谱、三层次协同规划体系、管理政策分区规划、分区规划图则、解说规划、社区参与与社区规划等方面进行了创新探索，作为2003年三江并流风景名胜区成功申报世界遗产的重要文件，得到联合国世界遗产评估专家Les Molloy和Jim Thorsell的高度评价，并获得中国风景园林学会2011年度中国风景园林学会优秀规划设计一等奖，以及2012年度华夏奖一等奖。《黄山风景名胜区总体规划》对黄山风景区的缓冲区进行了重新划定，据此进行遗产地缓冲区的边界调整，得到世界自然保护联盟的赞同，并建议其他世界遗产地借鉴和推广。

世界自然/混合遗产价值识别与保护管理规划

清华大学世界自然/混合遗产科研实践工作紧密围绕我国的世界遗产工作实践展开，为国家主管部门和申报地的决策提供技术支持。在遗产申报方面，清华大学承担了五台山申报自然文化遗产的文本编制和提名地保护管理规划工作（2004～2007年）；五大连池申报自然遗产的文本编制和提名地保护管理规划工作（2009～2011年）；以及华山申报自然文化遗产的文本编制和提名地保护管理规划前期研究工作（2007～2008年）。遗产保护管理规划实践还包括《三江并流风景名胜区梅里雪山景区总体规划》，是2003年三江并流风景名胜区成功申报世界遗产的重要文件；以及2011年《九寨沟世界自然遗产地保护规划》。受住建部委托，清华大学教师作为国内专家多次参加遗产提名地迎接IUCN（国际自然保护联盟）实地考察专家的国家预检查工作，如中国丹霞（2009年）、云南澄江（2011年）、新疆天山（2012年）等；并多次作为国内陪同专家陪同IUCN专家开展提名遗产地的实地考察工作。在遗产地监测方面，作为住房和城乡建设部专家参加了第一轮（2003年）和第二轮（2010～2011年）世界遗产定期报告的培训和填报工作，辅助各遗产地完成对突出普遍价值陈述的回顾和修改。在遗产地保护管理经验交流方面，受邀参加世界遗产相关的国内国际会议并发言，主要包括：

（1）"世界遗产与可持续发展"论坛，贵州荔波（2012年5月）；

（2）世界遗产及国家遗产工作会议（中国风景名胜区协会、住房与城乡建设部城建司举办），中国拉萨（2011年9月）；

（3）第二轮世界遗产周期监测报告亚太区培训及研讨会，山西（2010年4月），韩国首尔（2011年12月）

（4）世界自然和混合遗产预备名录国际研讨会，中国北京（2009年1月17日～1月18日）；

（5）世界遗产和缓冲区国际专家会议，瑞士达沃斯（2008年3月11日～14日）；

（6）世界遗产地可持续旅游国际会议，中国黄山（2008年3月24日～27日）；

（7）世界遗产周期监测报告地区综合会议UNESCO（联合国教科文组织）研讨会，越南河内市（2003年1月20日～23日）；

在科研方面，UNESCO北京办事处和住房与城乡建设部城乡规划管理中心联合委托清华大学，对我国世界自然遗产地保护管理规划规范进行预研究（2011～2014年）。课题通过国内现状分析和国际案例比较借鉴，研究世界自然遗产地保护管理规划与我国现有的各类保护地规划之间的关系，现有的各类规划是否满足遗产地保护管理的要求，是否有必要编制专门的独立于现有规划类型的遗产地保护管理规划，遗产地保护管理规划应该包括哪些内容等，在此基础上提出我国世界自然遗产保护管理规划内容框架，形成《中国世界自然遗产地保护管理规划规范（草案）》。课题部分阶段成果已于2013年9月在《中国园林》发表[17-23]。

围绕世界遗产各项实践工作和会议，近年来在几个方面进行了重点理论探讨。

（1）世界遗产突出普遍价值识别。既有对特定遗产地的价值识别，例如，对作为整体的"中国五岳"之世界遗产价值进行研究和阐述[24]；对申报前后五台山文化景观遗产突出普遍价值的对比研究[25]等；也包括对突出普遍价值识别国际趋势的了解，例如IUCN对四条标准的应用趋势，以及ICOMOS（国际古迹遗址理事会）建议的OUV（突出普遍价值）评估方法框架[26]等。

（2）混合遗产概念及预备名录。回顾了混合遗产概念的演变过程，分析了混合遗产概念的研究现状，提出了自然要素和文化要素相互作用的3种模式，即"并行""混合"和"化合"；研究了混合遗产与其他类型遗产之间的关系，阐述了混合遗产的地位及其对中国的意义，对混合遗产的发展提出了若干建设性意见，强调中国拥有世界上独一无二的混合遗产资源，深入研究混合遗产应当成为中国义不容辞的责任[27]。预备清单方面，分析了目前中国混合遗产预备清单存在的数量过大、代表性不足、分类不清晰等问题，以及研究不充分和机制不完善两个方面的根源，提出了改进和完善该清单可能的战略途径和行动计划，并通过"差距分析"的方法对中国潜在的混合遗产提名地进行了初步研究，为完善混合遗产预备清单提供了技术路线[28]。

（3）我国世界自然与混合遗产保护管理之回顾和展望。2012年是《保护世界文化和自然遗产公约》通过的第40年，也是中国世界遗产保护管理走过的第27年。回顾了中国世界遗产保护管理的历程，将其初步划分为起步、演进和深化3个阶段；从法律法规、管理体系、管理规划、科学研究和地方发展等几个方面对自然与混合遗产保护管理的经验与挑战进行了论述；结合国际趋势对中国世界遗产保护管理事业的未来发展提出了展望[29]。

多尺度遗产体系和遗产网络构建

清华大学是我国最早开展遗产体系研究的机构之一，承担了多项不同尺度的国家和省部级遗产体系前沿探索类实践项目，包括："滇西北国家公园和保护区体系建设规划"（云南省人民政府1998年4月委托清华大学和云南省社会发展促进会进行"滇西北人居环境（含国家公园）可持续发展研究"，该课题是项目的子项目之一）；"北京市风景名胜区体系规划（2004~2050年）"（2004年北京市规划委员会和北京市园林局委托项目）；"国家文化和自然遗产地保护'十一五'规划纲要研究"（由国家发展和改革委员会会同财政部、国土资源部、建设部、国家环境保护总局、国家林业局、国家旅游局、国家文物局于2006~2007年组织编制，清华大学杨锐教授担任起草专家组组长）等。

其中，"滇西北国家公园和保护区体系建设规划"作为区域性实践项目，是我国第一次在区域层次上整合风景名胜区、自然保护区等遗产资源的实践探索。项目研究了各种类型保护地体系的环境因素、建设目标、空间结构、管理机制、管理政策和行动计划，并建立与IUCN保护地管理分类的对应关系，在中观层次为建立完善中国国家公园和保护区体系积累了经验[30]。"北京市风景名胜区体系规划（2004-2050）"是我国最早开展省域风景名胜区体系规划的几个研究之一，对北京市而言，为首次开展的风景名胜区体系规划研究。研究主要成果已纳入《北京城市总体规划（2004-2020）》以及专项规划《北京市绿地系统规划》，成为北京市城乡建设管理的主要依据。"国家文化和自然遗产地保护'十一五'规划纲要研究"是新中国成立以来第一个在国家层面以遗产地（包括文化、自然和混合遗产地）为对象的专项保护规划纲要，在深入研究我国各类遗产地有关情况的基础上，对"十一五"期间遗产地保护的有关重大战略、重大措施、重大项目和重大行动进行统筹规划，对我国今后的遗产地保护工作具有重要的指导意义。

我国目前从遗产资源体系出发的宏观空间格局指导和依据相对薄弱，对遗产资源及保护地分布合理性的评价也不足，许多遗产地空间重叠，边界混乱，加剧了遗产资源破碎化。针对这一现状，近年来清华大学承担了多项遗产体系相关国家自然科学基金项目，包括"中国自然文化遗产地整合保护的空间网络理论方法研究"（2006~2009年，基金编号

50608043）、"我国省域/区域遗产地体系规划的理论与实践研究"（2011~2013年，基金编号51078215）等。其中，"中国自然文化遗产地整合保护的空间网络理论方法研究"通过国内外研究的总结和比较，基于我国遗产地资源特征和保护体系，提出遗产地整合保护空间网络的概念和内涵，通过空间手段（如边界、缓冲区、廊道、格局等）构建物质实体联系，把单个遗产点/地连接形成连续、完整的空间体系结构，并探索适合我国国情的保护理论与方法。"我国省域/区域遗产地体系规划的理论与实践研究"对省域/区域遗产地体系与体系规划进行深入研究，选择若干省遗产地体系规划进行实证研究，为推动我国中观尺度的省域/区域遗产资源的整合保护提供理论支持，并对遗产地体系规划实践的规范化、科学化奠定基础。

文化景观保护

清华大学风景园林学背景下对文化景观的研究大致可以分为两大类，村落/乡村文化景观的研究，以及世界遗产文化景观的研究。

村落/乡村文化景观方面，近年来研究课题主要包括由美国地球观察研究所（EWI，Earth Watch Institute）资助的"中国村落传统研究"项目（2005~2008年），以及教育部博士点基金项目"基于空间信息技术的滇西北村落文化景观保护模式研究"（2012~2014年，项目编号20110002110096）。这两个课题分别以陕西省陕北黄土高原榆林、佳县和滇西北大理、丽江、迪庆、怒江四个地州的典型村落为案例，探讨村落文化景观的构成因子及其作用机理，研究村落文化景观的动态演化规律、演化模型与驱动机制，及其保护方法与保障措施。另外，文化景观"生活活动及其系统"的演化机制，及其活力的营造原则得到探讨[31]。风景名胜区内的乡村景观也是研究对象之一[32]。我国风景名胜区中拥有大面积乡村地域，但目前乡村类文化景观未被列入被保护景源。在风景名胜区中提倡保护乡村类文化景观，有助于保护乡村自然文化遗产、合理利用区内自然资源和减少区内社区与管理机构的矛盾。许多硕士研究生毕业设计以村落/乡村文化景观为题，如"再现（三山五园地区）北坞村消失的乡村景观"（2006届）"陕北窑洞村落文化景观保护规划设计-以党家山村为例"（2011届）、"龙门山前山林盘乡村景观规划设

计"（2010届）等。

世界遗产文化景观方面，国内对文化景观遗产价值认识的觉醒是在费勒(Fowler P J.)2003年《世界遗产文化景观(1992—2002)》报告之后。清华大学风景园林学方向对世界遗产文化景观的研究，主要与遗产申报实践工作相结合，包括2004～2007年五台山申遗、2007～2008年华山申遗前期研究等，形成一系列的论文，是国内开展这一方面研究较早的机构。文化景观与风景名胜区的关系是研究重点，包括在概念认知上，提出风景名胜区与世界遗产文化景观的第三类最为贴切，但在自然价值、哲学观念方面存在差异[33]；以及在保护管理上，探讨将风景名胜区与文保单位2套保护体系并轨整合的思路，同时纳入非物质文化要素，即人的思想、活动等的传承保护和展示，形成新的融自然与文化、物质与非物质为一体的适用于文化景观保护与管理的理论方法框架[34]。近年来还承担了国家自然科学基金课题"皇家文化影响下的文化景观遗产保护理论与实践研究"（2011～2013年，项目编号51008180）。课题以皇家文化影响下的文化景观为研究对象，以西方的逻辑思维方式解析景观文化要素和载体，再以东方的诗性智慧，将分解筛选后的文化要素与保护方法加以综合，形成新的适合皇家文化景观遗产特质的保护理论框架。"五台山遗产提名地保护管理规划"、"天坛总体规划"、"北京市中山公园总体规划"等实践项目为研究提供了丰富的案例基础。

科研与风景园林学教学结合

自然遗产地保护管理是一项专业知识要求非常高、多学科知识要求非常广的专业。从业人员整体素质是遗产地保护管理水平的关键。目前我国自然遗产地普遍存在专业人才缺乏、培训缺乏、后援队伍缺乏等问题。清华大学将自然遗产保护的相关理念和方法融入清华大学景观学系的课程教学中，包括以自然遗产地为选题的景观规划设计Studio教学和研究生毕业设计Studio教学等，为自然遗产保护相关人才的培养奠定了良好的基础。其中，景观规划设计Studio历年选题中，遗产保护相关选题包括："三山五园地区景观规划"、"周口店地区景观规划"、"五大连池景观规划"等。

庄优波　杨　锐

1.杨锐.试论世界国家公园运动的发展趋势[J].中国园林.2003(7)：10-15.
2.杨锐.美国国家公园与国家公园体系经验教训的借鉴[J].中国园林,2001(1)：62-64.
3.杨锐.美国国家公园体系规划体系评述[J].中国园林,2003(1)：44-47.
4.杨锐.中国自然文化遗产管理现状分析[J].中国园林,2003(9)：38-43.
5.杨锐.改进中国自然文化遗产管理的四项战略[J].中国园林,2003(10)：39-44.
6.杨锐.改进中国自然文化遗产管理状况的行动建议[J].中国园林,2003(11)：41-43.
7.杨锐,庄优波,党安荣.梅里雪山风景名胜区总体规划过程和技术研究[J].中国园林,2007(7)：1-6.
8.庄优波,杨锐.风景名胜区总体规划环境影响评价程序与指标体系[J].中国园林,2007(1)：49-52.
9.杨锐.风景区环境容量概念初探[J].城市规划汇刊,1996(6):12-15.
10.杨锐.LAC理论：解决环境容量问题的新思路[J].中国园林,2001(3):19-21.
11.庄优波,徐荣林,杨锐,许晓青.九寨沟世界遗产地旅游可持续发展[J].风景园林,2012(1):78-81.
12.袁南果,杨锐.国家公园现行游客管理模式的比较研究[J].中国园林,2005(7):9-13.
13.庄优波,杨锐.世界自然遗产地社区规划若干实践与趋势分析[J].中国园林,2012(9)：9-13.
14.庄优波,杨锐.黄山风景名胜区分区规划研究[J].中国园林,2006(12):32-36.
15.胡一可.风景名胜区边界认知与划定[D].北京：清华大学建筑学院，2010.
16.党安荣,杨锐,刘晓冬.数字风景名胜区总体框架研究[J].中国园林,2005(05):31-34.
17.庄优波.我国世界自然遗产地保护管理规划实践概述[J].中国园林,2013(09):6-10.
18.王应临,杨锐,Lange.英国国家公园管理体系评述[J].中国园林,2013(09):16-24.
19.贾丽奇,杨锐.澳大利亚世界自然及混合遗产管理框架研究[J].中国园林,2013(09):25-29.
20.赵智聪,庄优波.新西兰保护地规划体系评述[J].中国园林,2013(09):30-34.

21.许晓青,杨锐.美国世界自然及混合遗产地规划与管理介绍[J].中国园林,2013(09):35-40.
22.张振威,杨锐.加拿大世界自然遗产地管理规划的类型与特征[J].中国园林,2013(09):41-45.
23.彭琳,杨锐.日本世界自然遗产地的"组合"特征与管理特点[J].中国园林,2013(09):46-51.
24.杨锐,赵智聪,邬东璠.作为整体的"中国五岳"之世界遗产价值[J].中国园林,2007(12):1-6
25.邬东璠,庄优波,杨锐.五台山文化景观遗产突出普遍价值及其保护探讨[J].风景园林,2012(1):74-77
26.杨锐,庄优波.突出普遍价值（OUV）识别评估的国际趋势和国内实践初探[R].拉萨：世界遗产及国家遗产工作座谈会,2011.
27.杨锐,赵智聪,庄优波.关于"世界混合遗产"概念的若干研究[J].中国园林,2009(5):1-5.
28.杨锐,赵智聪,邬东璠.完善中国混合遗产预备清单的国家战略研究[J].中国园林,2009(6)：24-29.
29.杨锐,王应临,庄优波.中国的世界自然与混合遗产保护管理之回顾和展望[J].中国园林,2012(9)：55-62.
30.杨锐."IUCN保护地管理分类"及其在滇西北的实践[J].城市与区域规划研究,2009(1)：83-102.
31.黄昕珮.基于生活活动及其系统的文化景观机制解读与活力营造[D].北京：清华大学建筑学院,2010.
32.陈英瑾.风景名胜区中乡村类文化景观的保护与管理[J].中国园林,2012（1）:102-104.
33.赵智聪."削足适履"抑或"量体裁衣"？—— 中国风景名胜区与世界遗产文化景观概念辨析.中国风景园林学会2009年会论文集[C].北京：中国建筑工业出版社,2009.
34.邬东璠.议文化景观遗产及其景观文化的保护[J].中国园林,2011(4):1-3.

4.2 风景名胜区

4.2.1 黄山风景名胜区总体规划（1980~1982）

项　目　来　源：安徽省黄山管理局
项　目　面　积：154平方公里
项　目　时　间：1980~1982年
清华大学参与人员：朱畅中、朱自煊、郑光中、徐莹光、周维权、冯钟平
其他单位参与人员：王治平、肖国清(安徽省建设厅)、苏五九(黄山管理局)等

　　黄山风景名胜区是1982年国务院审定公布的第一批国家重点风景名胜区。1980年6月，清华大学受邀对黄山风景区进行调查研究并编制各项专业规划，共同参加单位包括安徽省建委城建处、安徽省林业厅、合肥市规划设计院等。1981年，清华大学又受邀参加编制工作，并编写《黄山总体规划大纲》，同年10月召开"黄山总体规划大纲评议会"，会议肯定了"大纲"的主要内容并提出了修改意见。会后清华大学会同安徽省建委城建局和黄山管理局吸取会议意见，进行汇总修改，完成了黄山总体规划图纸和说明书。

　　此次黄山风景区规划是黄山历史上第一个全面的综合性规划，也是我国风景名胜区事业开始阶段较早完成的规划，在规划内容和方法上进行了大量探索。规划在了解黄山地区的概况和历史沿革的基础之上，综合分析其自然条件、风景名胜资源、环境质量、旅游条件，提出黄山存在的问题，并确定了十条规划指导思想：（1）保护自然资源；（2）保持风景特色；（3）正确处理开发建设和保持自然风景的关系；（4）正确处理远近期的关系；（5）风景旅游事业兼顾周围农村经济的繁荣；（6）防止旅游污染；（7）建筑要体现我国的民族特色；（8）改善旅游条件；（9）加强各有关部门间的协作；（10）加强规划建设。规划内容包括风景保护规划、总体布局规划、对外交通规划、给排水规划、供电规划、通讯建设规划、近期建设项目及投资、黄山风景区总体规划经济效益等内容。根据黄山风景区内自然条件和现状，将黄山风景区划分为6个游览区、5个风景保护区和外围保护带；6个游览区为温泉、玉屏楼、北海、云谷寺、松谷庵、钓桥庵，它们是游人游览活动的主要范围；5个风景保护区为浮溪、箬箸、洋湖、福固寺和乌泥关，它们分布于各景区的外围；外围保护带是指与黄山风景相邻以及进入黄山的几条公路两侧的山坡地段。规划还将黄山风景区6个游览区内的景物分级加以保护。

太 平

太 平

平

歙 县

黟 县

总体规划图

太 平

太 平

平

歙 县

黟 县

景点及游览路线规划图

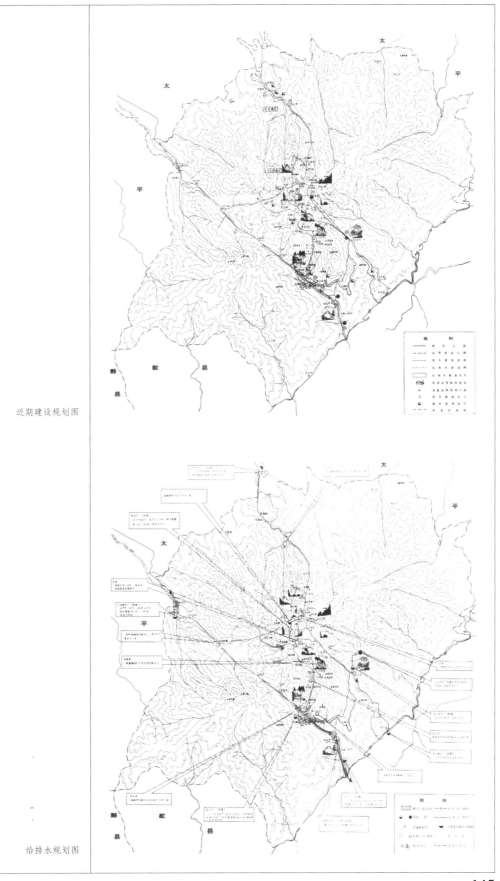

近期建设规划图

给排水规划图

4.2.2 尖峰岭国家热带森林公园总体规划

项目面积：633平方公里
规划时间：1993年
参与人员：郑光中、杨锐、陈志杰、高桂生、刘杰、王鹏、魏德辉、
　　　　　黄伟华、金雷、谭诚、竞昕、王敏、欧阳伟、刘莹

尖峰岭国家热带森林公园位于海南岛西南部海榆西线公路西侧，距三亚市120公里。

公园拥有我国现存面积最大、保存最完好的热带原始森林，在世界热带原始林生态系统中占有重要地位。尖峰岭生物景观尤其是植物景观层次丰富，从滨海到刺灌丛到山顶苔藓矮林，共有六种不同类型的植物景观：滨海有刺灌丛、稀树草原、热带半落叶季雨林、热带常绿季雨林、热带山地雨林、山顶苔藓矮林，是海南岛最完整的植物景观系统。

尖峰岭所拥有的典型、多样、珍稀、原生特点的热带雨林生态系统需要得到很好的保护，但对整个规划区域实行绝对保护是不现实的。一是因为绝对保护需要相当多的财力、物力；二是因为尖峰岭多年属于国家的重点林区，1993年1月1日才停止木材采伐，但同时林区8000余名职工与家属的就业与生活成为一个迫切需要解决的问题。要解决这一问题，必须发展规划地区的经济，但过分的发展又会破坏热带雨林生态系统的平衡，这就产生了保护与发展之间的矛盾。妥善处理这一矛盾，成为尖峰岭国家森林公园规划、建设、管理中的关键问题。

国家公园规模的确定是一个十分重要和敏感的问题，是寻找保护与发展平衡点的重要指标。规划分五种类型确定了尖峰岭国家森林公园的规模。游人规模、旅游服务人口规模、总人口规模、建筑规模与用地规模。其中游人规模是核心规模，是确定其余四种规模的依据。游人规模的确定应考虑环境容量与旅游市场两方面的因素。经计算，国家森林公园最终接待游人规模为110万人次/年(2015年)，需要客房1700间。旅游服务人口17430人(包括直接服务人口与间接服务人口两部分)，总人口规模为64300人，环境容量为75000人，人口规模小于环境容量。建筑规模控制在250万平方米以内，建筑用地规模控制在800～1000公顷以内，仅占总规划用地的不足1.5%。

尖峰岭国家森林公园的规划结构可概括为四句话：保育是基础，三区定中心，四线呈异彩，九朵锦上花。国家公园内用地绝大多数(80%以上)为保育用地，旅游开发集中在若干生态与景观小很敏感的地区，并将其与现在居民点结合考虑，不再新辟用地。道路在原有林区道路基础上加以改善，不再过多开辟新的道路。天池度假村、南崖度假区与尖峰旅游镇三个地区是国家公园旅游接待中心，50%以上的客房都在这三个区域。同时它们又各有分工。"四线"是指国家公园内四条各具特色的观光旅游线：生态观光旅游线、地貌地质观光旅游线(山岳溪涧观光旅游线)、人文景观观光旅游线、龙沐湾滨海度假旅游带。上述四条旅游线从内容、形式、路线、特色上相互补充，相映生辉，众彩纷呈，使游人在有限时间内欣赏到丰富的景观内容。此外，还有热带果园、热带花卉基地、热带草药基地、珍稀濒危动物繁育中心等九个相对独立的项目分布在规划范围以内。

论文：
杨锐，郑光中. 寻找保护与发展的平衡点——尖峰岭国家森林公园总体规划[J].城市规划,1997(2):23-25.

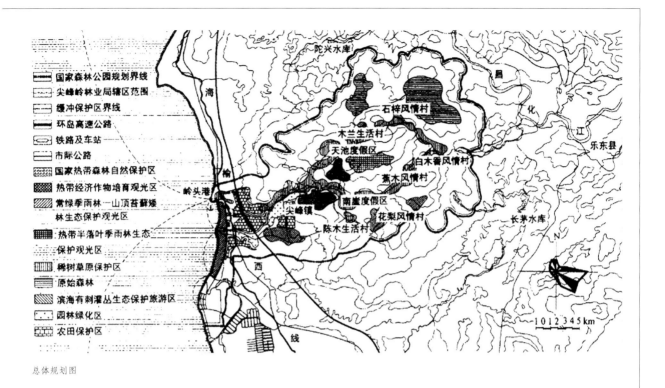

总体规划图

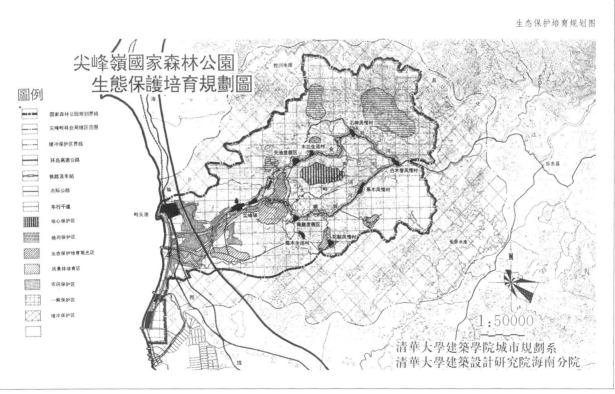

风景园林遗产保护

147

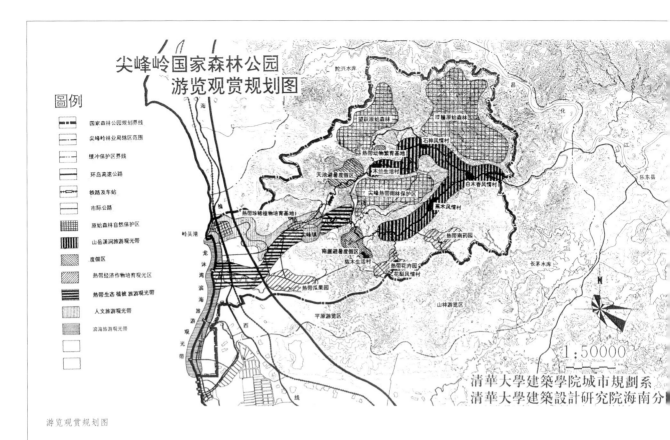

游览观赏规划图

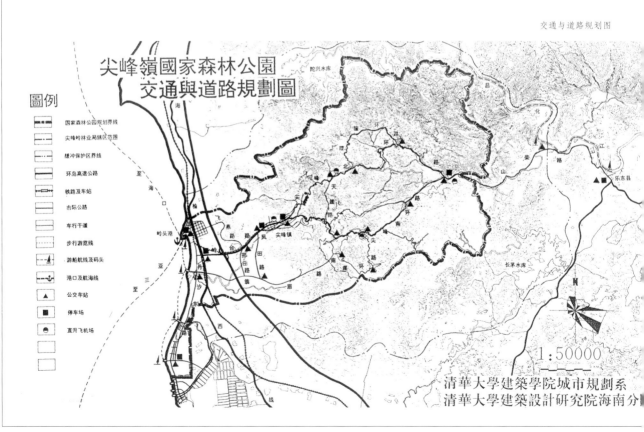

4.2.3 三峡大坝国家公园总体规划

项目面积：1528公顷
规划时间：1996年2月
参与人员：郑光中、杨锐、赵炳时、张永刚、刘杰、王鹏、董珂、冯柯、
卜冰、陈长青、何鑫、李本焕、何天澄

三峡工程坝区位于长江三峡之西陵峡段，湖北省宜昌市三斗坪镇境内，距长江下游葛洲坝38.6公里。三峡工程施工场地面积约为1528公顷，水面1088公顷，坝区规划总面积为2616公顷。坝区范围内主要是三峡水利枢纽设施及施工遗留设施用地。由于受三峡工程的施工影响，坝区范围内几乎没有原始植被及绿化。

三峡大坝国家公园规划以大坝为视觉中心，长江河道为主要景观轴线，两岸主要干道作为游览路线，串联各主题公园。水路、陆路（步行、自行车、汽车及轻轨交通线路）和空中（过江及上黄牛岭缆车）交通组成规划区立体交通网络。旅游服务中心分三个等级散布其中。

作为与大坝相对应的自然景观，黄牛岭被有机地组织到本规划中。

总体布局在保证大坝等水工设施用地外，以各种性质的绿地（公共绿地、经营性绿地、生态绿地等）为主，共设主题公园六个，均在施工期施工用场地上进行布置。具有一定建设密度的旅游服务中心及常住人口生活区分别利用左右岸的施工生活区用地及工程设施改造利用，很好地利用已有设施条件，避免了重复建设。规划严格区分过境与规划区内部循环交通，做到互不干扰。良好地组织旅游线路与辅助性道路交通体系，增强旅游交通的趣味性。最大限度地利用工程遗留的各类基础设施，以合理改造利用为原则。

区位分析

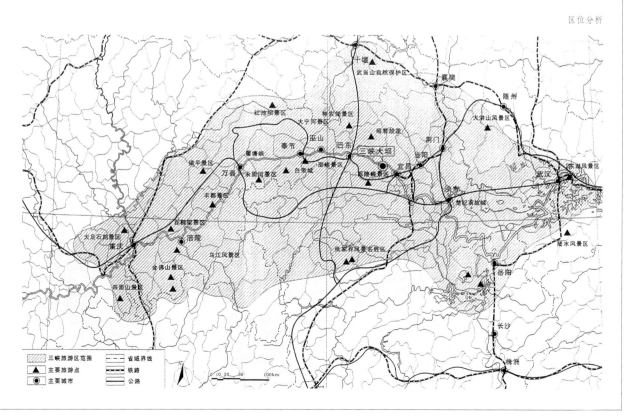

三峡旅游区范围　省域界线
主要旅游点　铁路
主要城市　公路

风景园林遗产保护

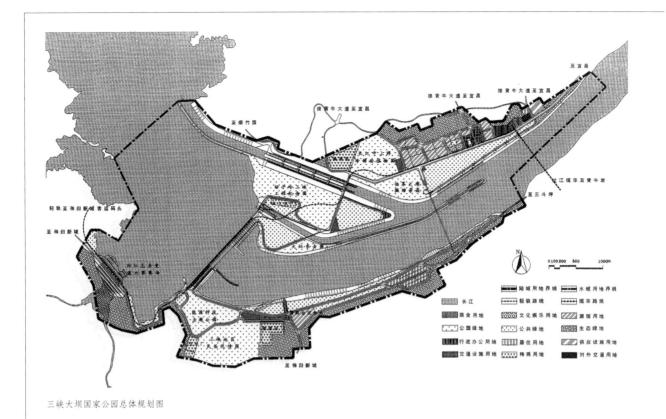

三峡大坝国家公园总体规划图

坝区横断面分析

A-A 剖面 1:5000

B-B 剖面 1:5000

C-C 剖面 1:5000

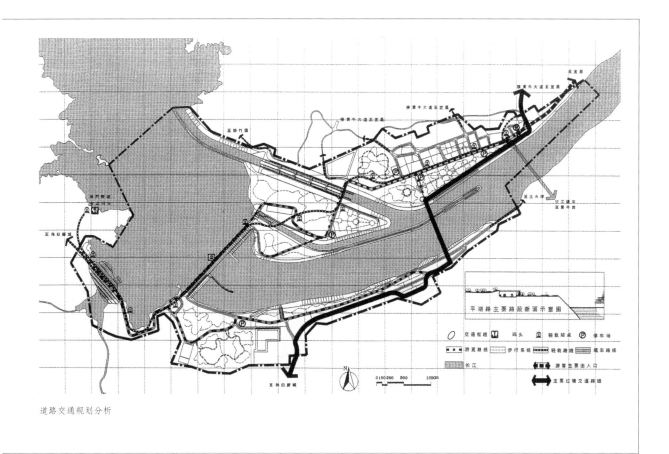

道路交通规划分析

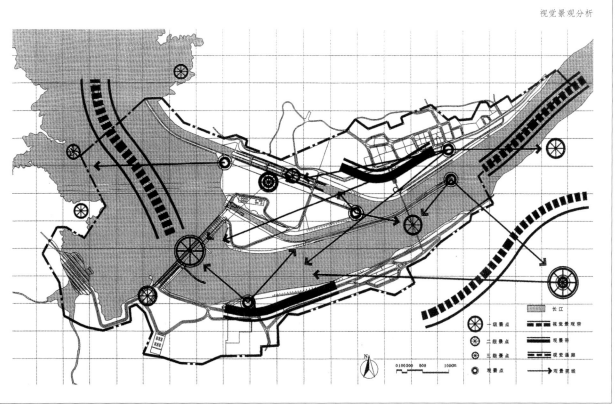

4.2.4 泰山风景名胜区总体规划

项 目 面 积：规划面积202平方公里，主景区面积168平方公里
项 目 时 间：1999年7月
项目总指导：郑光中
项目负责人：杨锐
项 目 成 员：王彬汕、庄优波、邓卫、李守旭、张清华、张鸣岐、
　　　　　　　姜谷鹏、袁牧、党安荣（以姓氏笔画为序）

泰山为五岳之首，雄伟壮观、历史悠久、古迹众多，是中华民族历史上精神文化的缩影。1982年，泰山被国务院公布为第一批国家重点风景名胜区；1987年，被联合国教科文组织列入首例世界文化与自然双重遗产名录。2001年游客量为180万左右。 泰山风景名胜区规划面积202平方公里，包括泰山主景区、古地层景区、齐长城景区和药乡林场。泰山主景区面积为168平方公里，包括八个景区，规划范围外1000米设为外围保护地带。本次规划具有以下几个特点。

1. 景观资源调查报告。风景名胜区规划建立在对于现状充分了解的基础上，而景观资源则是风景名胜区现状的重要部分。对景观资源的调查和评价，不仅有助于管理者和规划者对于风景名胜区资源有一个整体的把握，同时也是具体的规划决策的主要依据之一。以往风景名胜区规划对于景观资源的调查，由于实践和技术的限制，往往不够详细，也没有等级评价。 本次规划中，对于每一处资源进行详细的实地调查，并将调查成果进行存档记录，包括资源的名称、类别（分类参考《风景名胜区规划规范》（GB 50298-1999）并根据实际情况作部分调整）、详细的特征描述、景观资源等级（分级参考《风景名胜区规划规范》（GB 50298-1999），同时明确该等级是对景观价值、环境水平和保护水平的综合评价，而不是单指景观价值）、资源的照片等。

2. 首次尝试应用分区规划技术。区划（Zoning）技术是一种广泛应用于城市规划和国家公园规划的技术，但在我国的风景名胜区规划中一直没有得到很好的利用。一般来说，目前我国风景名胜区规划基本按照《风景名胜区规划规范》（GB 50298－1999）的分区方式：即当需要调节控制功能特征时，进行功能分区；当需要组织景观和游览特征时，进行景区划分；当需要确定培育特征时，进行保护区划分；在大型或复杂的风景名胜区中，可以几种方法协调使用。这种分区方法在认识上还基本处于物质空间规划阶段，在形态上缺少清晰的空间描述，在管理政策方面缺少有效的控制对象和控制手段，因此虽然看似分区规划，但实质上，对规划只有指导（引导）意义，不具控制能力，管理上的可操作性不强。 泰山风景名胜区总体规划借鉴了国际上一些成熟的经验，结合中国风景名胜区的管理需求，制定了一种以人类活动控制、人工设施控制和土地利用控制为核心的分区控制规划。分区控制的优势有以下四点：（1）用地边界具有唯一性，便于分类、分片管理和规划的分期实施，增强规划可操作性；（2）明确规定每一地块资源的保护措施和开发利用强度，统筹协调保护和利用的关系；（3）突出遗产地保护的特征，根据保护对象的不同对保护用地进行更详细的分类，并落实相应的保护措施；（4）根据风景名胜区的旅游特征，针对不同的旅游方式进行设施的建设和活动的管理。泰山风景名胜区共分为4大类12中类94个单元的分区。

3. 具体明确的保护措施。资源保护是风景名胜区的主要功能，也是风景名胜区管理者的工作重点。总体规划应该在具体的工作中给予管理者充分的指导，使得保护工作能够真正落实。因此资源保护措施规划的越具体越科学，对管理工作的指导意义越大。但是，以往的规划关于资源的保护措施，往往比较笼统，没有直接的指导意义。 本次规划中力图提供详细的资源保护措施，将资源保护的措施分为分区保护，分类保护和分级保护三大类。泰山风景名胜区内的各种资源按照其区位、类型和级别，要同时满足分区保护、分类保护、分级保护之相应条款的规定。分区保护包括资源严格保护区、资源有限利用区、设施建设区三类；分类保护包括文物建筑专项保护、石刻碑刻专项保护、古树名木专项保护、奇峰异石专项保护、瀑布潭池专项保护、生态专项保护等六类；分级保护分为特级景点保护、一级景点保护、二级景点保护、三级景点保护、四级景点保护等五类。在分类分级方面参考了《风景名胜区规划规范》（GB 50298－1999）的规定，但大部分超过其要求深度，达到详细规划的程度。

4. 游憩调控规划。传统的风景名胜区规划一般为物质性

规划，对于管理活动等软性规划内容较少涉及。随着人们对于规划功能的认识程度加深，软性规划在风景名胜区总体规划中的比重正在逐步加大。游憩调控规划就是本次规划区别于传统的规划中的纯物质规划，增加的软性规划的内容。泰山风景名胜区游客的时间性不均匀分布和空间性不均匀分布明显。时间上，每年的"五一"期间游客超载严重；空间上，登天景区聚集游客总量的90%以上。游憩调控规划的目的是调控泰山风景名胜区游客的时间性不均匀分布和空间性不均匀分布，在游客规模不超过游客容量的前提下提高游憩资源的利用效率。游憩调控分宏观调控、中观调控、微观调控三个层次。宏观调控和中观调控是从泰山风景名胜区的外部环境和泰山风景名胜区与外部环境之间关系方面调控客流，重在建议与协调，主要调控游客的时间性不均匀分布。微观调控是风景区内部调控，包括物质规划调控和政策性规划调控。物质规划调控包括用地规划、道路规划、游线规划等；政策性规划调控主要利用文本

中所列出调控手段如信息服务、实时监测、宣传引导、门票价差、增加使用、团体协调等管理手段实现。

本规划成果被收录到《风景规划：〈风景名胜区规划规范〉实施手册》中。

论文：
1.王彬汕,杨锐,郑光中. 泰山景观资源的保护与利用[J]. 城市规划,2001(4):76-80.
2.王彬汕. 中国山岳型世界遗产地保护研究——以泰山风景名胜区为例[D].北京:清华大学建筑学院,2001.
3.李守旭. 泰山风景名胜区游憩环境容量与游憩调控研究[D].北京:清华大学建筑学院,2001.

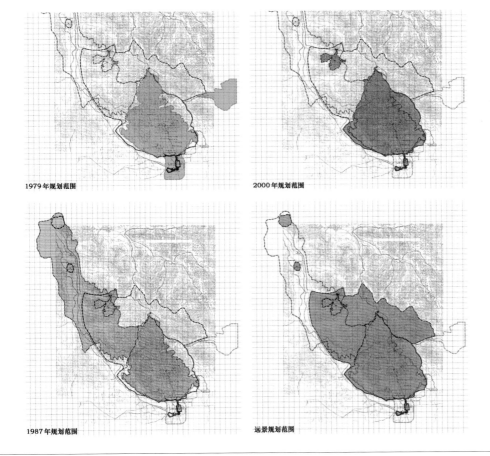

1979年规划范围

2000年规划范围

1987年规划范围

远景规划范围

规划面积变化一览表：

年代	规划面积（平方公里）
1979年	153.709
1987年	319.738
2000年	156.084
远景	325.449

∧∧ 1979年规划边界
∧∧ 1987年规划边界
∧∧ 2000年规划边界
∧∧ 远景规划边界
▨ 1979年规划范围
▨ 1987年规划范围
▨ 2000年规划范围
▨ 远景规划范围

规划范围变迁

风景园林遗产保护

153

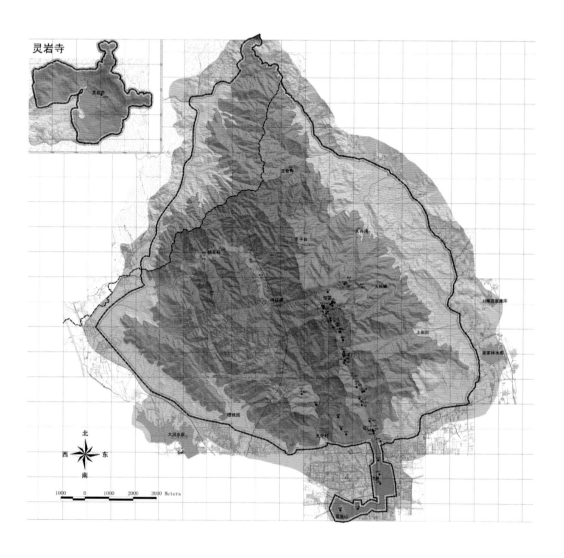

灵岩寺

北
西 — 东
南

1000 0 1000 2000 3000 Meters

现状保护措施等级比例
■ 1级 5处
■ 2级 55处
■ 3级 12处
■ 0级 5处

现状景观质量等级比例
■ 1级 26处
■ 2级 46处
■ 3级 5处

■ 世界自然与文化遗产 （6处）
▲ 世界自然遗产 （30处）
● 世界文化遗产 （41处）

文化遗产集中区（10.903平方公里）
自然遗产集中区（7.369平方公里）
遗产保护敏感区（29.958平方公里）
景区的其他林地
景区的其他地域

规划边界
市界
区界
道路
水体

遗产分布图

154

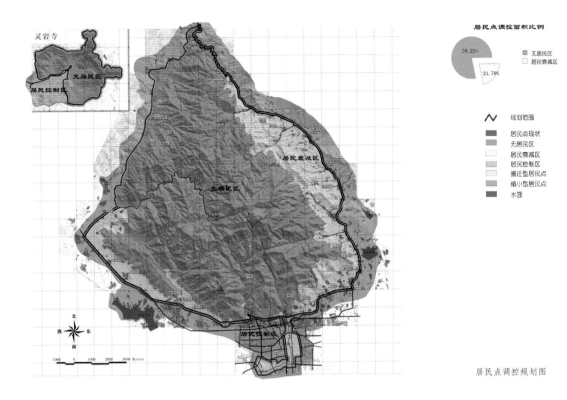

居民点调控面积比例

78.22%　21.78%

■ 无居民区
□ 居民衰减区

灵岩寺

无居民区
居民控制区

居民衰减区

无居民区

居民控制区

北
西　东
南

1000　0　1000　2000　3000 Meters

∧∧ 规划范围
■ 居民点现状
■ 无居民区
□ 居民衰减区
▨ 居民控制区
▨ 搬迁型居民点
▨ 缩小型居民点
■ 水面

居民点调控规划图

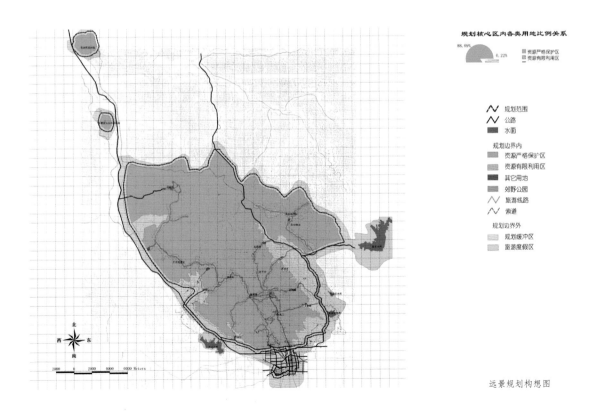

规划核心区内各类用地比例关系

88.69%　0.22%

■ 资源严格保护区
■ 资源有限利用区

∧∧ 规划范围
∧∧ 公路
■ 水面

规划边界内
▨ 资源严格保护区
▨ 资源有限利用区
▨ 其它用地
▨ 郊野公园
∧∧ 旅游线路
∧∧ 索道

规划边界外
▨ 规划缓冲区
▨ 旅游度假区

北
西　东
南

2000　0　2000　4000　6000 Meters

远景规划构想图

4.2.5 三江并流风景名胜区梅里
雪山景区总体规划

项 目 面 积：规划面积为1587平方公里，缓冲区面积约为680平方公里
规 划 时 间：2002年10月
项目负责人：杨锐、党安荣
参 与 人 员：庄优波、左川、韩昊英、李然、陈新、刘晓冬

本规划根据梅里雪山景区资源与社区实际条件，对多个规划技术和方法进行了创新。第一，进行了比较翔实的资源评价，并初步建立了资源评价与规划之间的关系。第二，为了加强规划的可操作性，采用了目标规划、战略规划和实施计划 3 个层次协同规划的技术，同时将整个规划范围划分成 245个分区，编制了较为详细的分区规划图则，为每一分区制定了规划管理目标和管理政策(分为人类活动管理、人工设施管理和土地利用管理 3 个方面的政策)；第三，规划中借鉴了国际上较为先进的理论和技术，如 LAC、VERP、SCP等，力图使资源保护与利用更加科学合理；第四，增加了软性规划，如目标规划、战略规划、解说规划和管理规划的内容，使规划成果逐步与国际上通行的"总体管理规划"接轨；第五，尝试了多学科融贯的规划方法，聘请了植物学家、生态学家、地质专家、民族文化专家和建筑专家，在不同的规划阶段进行咨询，尽可能地使规划决策过程建立在多学科参与的基础之上。

本规划是2003年三江并流风景名胜区成功申报世界遗产的重要文件，并得到联合国世界遗产评估专家Les Molloy和Jim Thorsell的高度赞赏。该规划对梅里雪山景区的保护、建设、管理等方面的具体实践具有很强的指导性，为此后的景点建设详细规划提供了依据。2010年，以该规划成果为基础编制"梅里雪山片区保护设施建设（2010－2011）"项目可研报告，获得国家发改委"国家文化和自然遗产地保护2010年第二批中央预算内投资"1300万元。2011年，该规划获"第一届风景园林学会优秀风景园林规划设计奖一等奖"。2013年1月获得华夏建设科学技术奖励委员会颁发的2012年度华夏建设科学技术奖一等奖。

论文：
杨锐，庄优波，党安荣. 梅里雪山风景名胜区总体规划技术方法研究[J]. 中国园林，2007(4):1-6.

梅里雪山

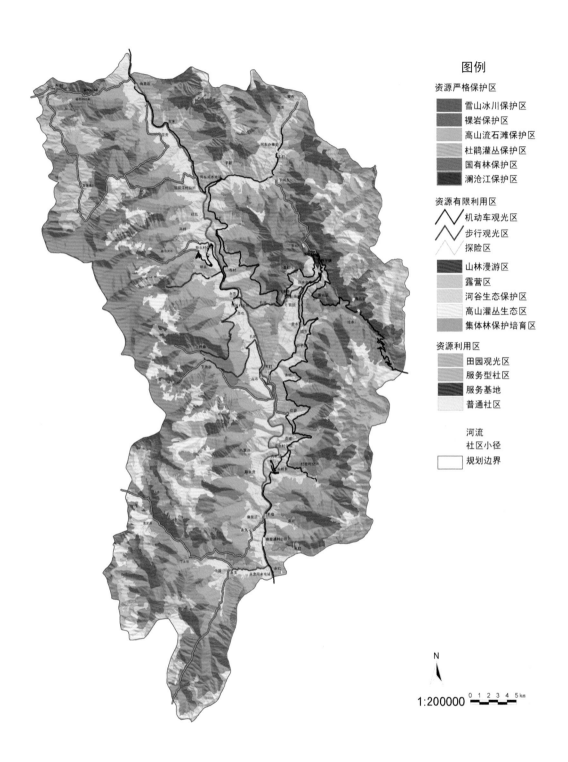

図例

资源严格保护区
■ 雪山冰川保护区
■ 裸岩保护区
□ 高山流石滩保护区
▨ 杜鹃灌丛保护区
■ 国有林保护区
■ 澜沧江保护区

资源有限利用区
Ｎ 机动车观光区
Ｎ 步行观光区
Ｎ 探险区
■ 山林漫游区
▨ 露营区
▨ 河谷生态保护区
▨ 高山灌丛生态区
■ 集体林保护培育区

资源利用区
▨ 田园观光区
▨ 服务型社区
■ 服务基地
□ 普通社区

～ 河流
… 社区小径
□ 规划边界

Ｎ

1:200000   0 1 2 3 4 5 km

三江并流梅里雪山自然保护区总体规划图

风景园林遗产保护

梅里雪山影像三维景观　　　　　　　　　　　　　梅里雪山总体规划三维景观

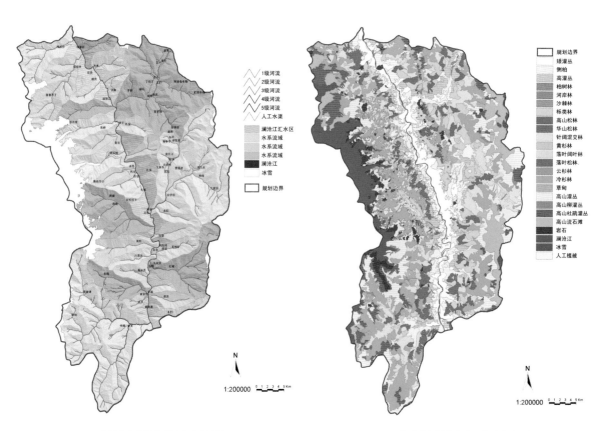

4.2.6 黄山风景名胜区总体规划（2002~2006)

项 目 面 积：风景名胜区面积160平方公里，缓冲区490平方公里
规 划 时 间：2002~2006年
项目主持人：尹 稚
项目负责人：杨 锐
项 目 成 员：庄优波 、袁南果、罗婷婷、崔宝义、刘晓冬、祁黄雄、
　　　　　　 王萌、王彬汕、杜鹏飞、林壤、龚道孝、陈海燕

本次规划针对黄山风景名胜区自身特点，以及传统风景名胜区规划技术方法存在的问题，进行了多方面的规划内容和方法的探索和尝试，包括：目标体系、分区管理、游客体验管理、时空分布模型、高峰日指定旅游产品与销售、监测体系以及社区协调等。

1.目标体系：不同于传统的问题指向型规划，本次规划是目标指向型规划。体系在时间上分为无期限目标、长期目标和近期目标三个层次；在内容上分为资源与环境保护、游客管理、社区管理与多方合作和组织效率四个方面。规划目标体系的建立，使目标和时间建立联系，并将近期目标具体量化，在实际执行过程中发挥明确的指导作用。

2.分区管理：通过分区管理，在空间上明确界定各类分区的用地范围，便于分类、分片管理和规划的分期实施，增强规划可操作性。按照资源特征和保护利用程度的不同，将分区分为资源核心保护区、资源低强度利用区、资源高强度利用区、社区协调区共四大类。分别执行分区人类活动管理政策、分区设施建设管理政策、分区土地利用管理政策。同时，不同的分区实施不同的自然监测指标和社会监测指标。

3.游客体验管理：游客体验管理改变了传统规划只针对风景名胜区进行管理的片面局面，避免了游客到来后的无序活动状况，大大减缓了环境压力。该管理是对游客的游览行为、游览方式、解说教育等进行管理，从而使得游客体验品质最大

黄山风景名胜区

化，同时支持该区域的总体管理目标成果的一种管理方式。

4.时空分布模型：该模型是一套计算机模拟计算系统。原理是利用程序模拟出游客的游览路线、游览景点以及风景名胜区的出入口等空间因素。这套系统能够全面实时地监测黄山全山游客分布状况。同时有效地预测和管理游客的时空分布。模型通过计算出最合理的游客时空分布值，使得游客的分布处于一种科学有序的状态，而不是自发混乱的状态。从而增加风景名胜区的游客容量，减缓对资源环境的负面影响。

5.高峰日指定旅游产品与销售：指定旅游产品是指游览出入口、进入时间、旅游路线、食宿地点以及游览方式的相互组合。指定旅游产品有不同的系列，游客可以根据自己的特点与需求提前选择某一项指定旅游产品。该管理方式有利于游客在空间和时间上分布更加均衡有序；同时能够在不对黄山生态环境带来不可接受的负面影响的前提下，增加游客的游览规模；另外，指定游客的游览路线和时间有利于引导游客开展两日游以及多日游，延长游客的停留时间；最后指定旅游产品还向游客安排并提供了各种所需的信息和服务，将服务系统化、周到化，提高了游客体验品质。

6监测体系：监测体系能够持续监测措施的实施程度。通过实时对当前的景区状况进行深入的了解与评价，得出管理措施的实施程度、成功经验以及需要注意的教训等。使得管理者能够针对变化的现状，不断调整措施，保证规划始终有效有序地开展。

7.社区协调：资源保护只有与周边社区密切合作才能得到保证。合作一方面是为了保护资源，一方面也是让社区从合作中得到经济受益，从而更加积极地投入到资源保护中。本次规划社区协调不仅包括居民点空间规划，而且将内容扩展到管理范畴，包括低山景点调控、协调与监督管理机制等。

论文发表成果：
1.庄优波，杨锐. 黄山风景名胜区分区规划研究[J]. 中国园林，2006(12): 32-36.
2.Yang Rui, Zhuang Youbo. Problems and Solutions to Visitor Congestion at Yellow Mountain National Park of China[J]. Parks, Vol 16 No. 2 (the visitor experience challenge), 2006:47-52.
3.ZhuangYoubo, Yang Rui. Mount Huangshan: Site of Legendary Beauty[J]. World Heritage Review, 2012(5):30-37.
4.YANG Rui，ZHUANG Youbo, LUO Tingting. Buffer Zone and Community Issues of Mount Huangshan World Heritage Site, China[R]. Davos, Switzerland :Proceedings of the International Expert Meeting on World Heritage and Buffer Zones, 2008.
5.Zhuang Youbo, Yang Rui. Minimize Negative Tourism Impact in Chinese National Parks: Case Study on Mt. Huangshan National Park[J]. IUCN/WCPA 5th Conference on Protected Areas of East Asia (Hong Kong). 2005,6.
6.袁南果. 黄山风景名胜区游客影响管理模式研究[D]. 北京:清华大学建筑学院，2004.
7.崔宝义. 黄山风景名胜区战略规划研究[D]. 北京:清华大学建筑学院，2004.
8.罗婷婷. 黄山风景名胜区社区问题与社区规划研究[D]. 北京:清华大学建筑学院，2004.
9.刘晓冬. 风景名胜区规划管理信息系统研究[D]. 北京:清华大学建筑学院，2004.
10.王萌. 风景名胜区周边社区旅游研究——以黄山谭家桥镇为例[D]. 北京:清华大学建筑学院，2005.

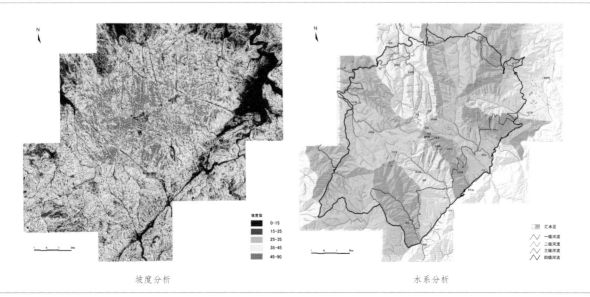

坡度分析　　　　　　　　　　　　　　水系分析

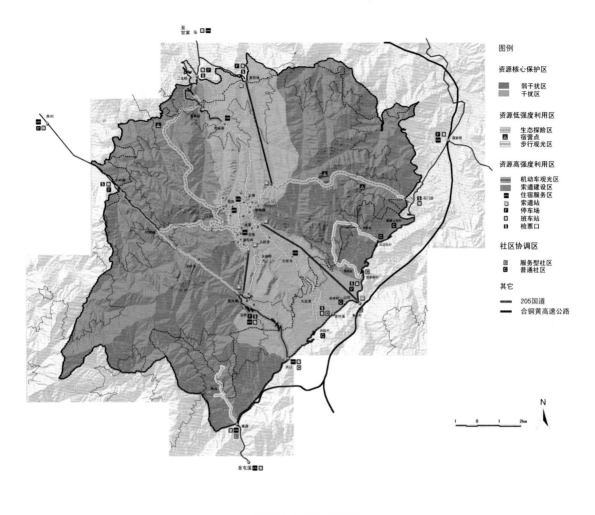

图例

资源核心保护区

　弱干扰区
　干扰区

资源低强度利用区

　生态探险区
　宿营点
　步行观光区

资源高强度利用区

　机动车观光区
　索道建设区
　住宿服务区
　索道站
　停车场
　班车站
　检票口

社区协调区

　服务型社区
　普通社区

其它

　205国道
　合铜黄高速公路

黄山风景名胜区总体规划图

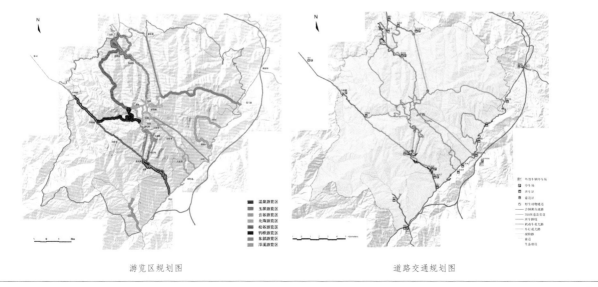

游览区规划图

道路交通规划图

4.2.7 风景名胜区缓冲区保护管理理论与实践研究

项目来源：国家自然科学基金委
项目编号：50908126
起止年月：2010年1月~2012年12月
主 持 人：庄优波
参与人员：杨锐、刘海龙、邬东璠、赵智聪、胡一可、张振威、彭琳、
　　　　　王应临、贾丽奇、李屹华、江惠彬

缓冲区具有生态缓冲及社区利益补偿等多重功能。当前，我国风景名胜区缓冲区在生态缓冲及社区利益补偿等方面的功能发挥尚不充分，对风景名胜区缓冲区进行研究是对现实问题的积极回应，有利于风景名胜区的保护和可持续发展。同时，在国际层面，缓冲区的理念受到世界国家公园与保护区领域越来越多的关注，本研究也是对这一趋势的及时回应。

本研究一方面比较借鉴了世界国家公园与保护区运动中缓冲区的相关理念和保护管理经验，另一方面对我国风景名胜区缓冲区现状、问题及其根源进行了剖析，初步建立风景区缓冲区概念认知模型；在此基础上提出针对我国风景名胜区缓冲区的保护管理战略和政策；并选择在区位、区域生态背景、功能定位等方面具有典型意义的3个风景名胜区（黄山、九寨沟、华山），对其缓冲区进行保护管理分析和规划实践案例研究。

（1）在国际经验借鉴方面，项目组对美国和尼泊尔国家公园与保护区的缓冲区进行了研究；对《实施世界遗产公约的操作指南》（2005版）中关于"缓冲区"概念修订进行了解读；探讨了世界遗产"完整性"和"文化景观"概念对缓冲区价值识别的意义。

（2）在国内现状、问题和根源分析方面，项目组从第一批国家级风景名胜区中找出数据相对比较齐全的17处风景名胜区，进行缓冲区特征系统整理和分析；得出缓冲区与风景名胜区的现状关系及存在问题大致可以从5个方面进行分析：自然资源要素和环境背景、历史文化要素和背景、视觉景观背景、空间格局连续性、社会经济联系等；探索建立了风景名胜区缓冲区认知概念模型。

（3）在保护管理战略和政策方面，项目组总结了风景名胜区和缓冲区社区规划的发展趋势；讨论了文化景观价值识别和世界遗产定期报告对缓冲区保护管理的意义；对风景区边界划定进行了深入认知；并对缓冲区保护管理的已有经验进行收集和整理总结。

（4）在案例实践方面，项目组总结了黄山风景区和缓冲区社区管理和利益补偿的经验；对黄山风景区缓冲区的生态廊道开展了区域、风景名胜区、社区三个空间尺度的研究；结合九寨沟遗产地保护管理规划实践，对缓冲区的空间层次、生态缓冲功能及社区利益补偿功能进行了探讨；在缓冲区概念模型指导下对华山风景名胜区缓冲区进行了现状认知和问题分析。

论文：
1.庄优波. 美国国家公园界外管理研究及借鉴. 中国风景园林学会2009年会论文集[C]. 北京:中国建筑工业出版社,2009:199-203.
2.Zhuang Youbo. Current Situations and a Concept Model of Buffer Zones of Chinese National Parks[C]. 47th International Federation of Landscape Architects (IFLA) World Congress.Suzhou, P. R. CHINA, 2010:121-125.
3.庄优波,杨锐. 世界自然遗产地社区规划若干实践与趋势分析[J]. 中国园林, 2012.28(9), 9-13.
4.ZhuangYoubo, Yang Rui. Mount Huangshan: Site of Legendary Beauty[J]. World Heritage Review. 2012(5):30-37.
5.庄优波, 李屹华. Increase Protected Landscape's Connectivity with Other Protected Areas in Regional Urbanization Background: Case Study on Huangshan National Park of China[R]. 北京:第八届国际景观生态学大会, 2011.
6.庄优波,徐荣林,杨锐,许晓青. 九寨沟世界遗产地旅游可持续发展实践和讨论[J]. 风景园林, 2012(1):78-81.
7.庄优波. 世界遗产第二轮定期报告评述[J]. 中国园林, 2012(7):97-100.
8.王应临. 尼泊尔国家公园缓冲区管理研究与借鉴[R].北京:2010年清华大学建筑学院博士生论坛, 2010.
10.贾丽奇. 对2005版《实施世界遗产公约的操作指南》中关于"缓冲区"的修订解读[R]. 北京:2011年清华大学建筑学院博士生论坛, 2011.
11.Wang Yinglin. Preliminary Study about Generation and Development of World Heritage Integrity Concept[J].Suzhou:47th International Federation of Landscape Architecture (IFLA) World Congress, 2010.
12.胡一可, 杨锐. 风景名胜区边界认知研究[J]. 中国园林,2011.27(6):56-60.
14.李屹华. 黄山风景名胜区缓冲区野生动物廊道多尺度规划设计研究[D]. 北京:清华大学建筑学院, 2011.

获奖：
课题成果之一《美国国家公园界外管理研究及借鉴》获中国风景园林学会2009年会优秀论文佳作奖

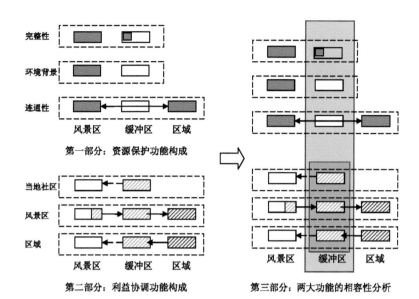

第一部分：资源保护功能构成

第二部分：利益协调功能构成

第三部分：两大功能的相容性分析

风景名胜区缓冲区的
概念模型示意图

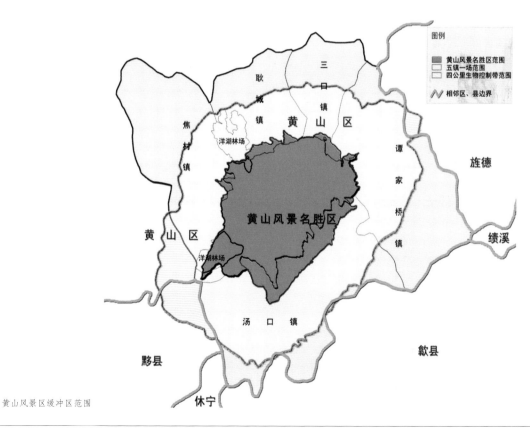

黄山风景区缓冲区范围

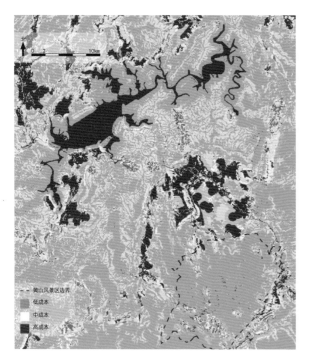

黄山风景区缓冲区迁徙成本分析

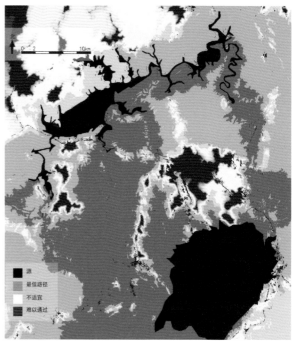

黄山风景区缓冲区成本距离分析

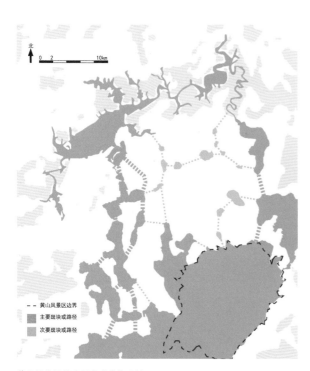

黄山风景区缓冲区廊道结构分析

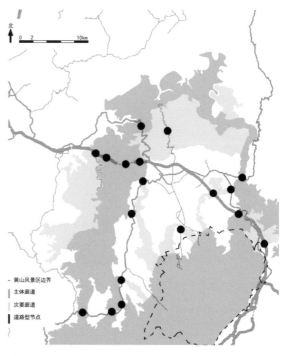

黄山风景区缓冲区道路节点分析

4.2.8 基于多重价值识别的风景名胜区社区规划研究

项目来源：国家自然科学基金委
项目编号：51278266
起止年月：2013年1月~2016年12月
主 持 人：杨锐
参与人员：庄优波、王应临、郑晓笛、陈英瑾、贾丽奇、
　　　　　许晓青、彭琳

风景名胜区社区是指位于其边界以内的人类聚落。一刀切式拆迁是目前风景名胜区社区管理和社区规划中较为普遍存在的现实状况或政策冲动。其后果既会影响风景名胜区整体价值及其载体的保护，又会损害社区合理适度的可持续发展权利，还会激化社区与保护管理之间的矛盾。本课题拟以系统识别2大类、6小类价值为基础，全面评估社区现状，系统梳理社区问题及其根源，构建基于多重价值识别的风景名胜区社区规划理论，并以五台山和九寨沟为实践案例，应用场景模拟技术，研究社区不同演化模型及其环境和社会影响。创新性成果包括社区价值识别技术方法、社区现状评估指标和标准体系、基于多重价值识别的风景名胜区社区规划理论和范例等。在深化细化风景名胜区社区规划理论等方面具有学术价值，并可广泛用于世界遗产地、自然保护区、国家重点文物保护单位、国家地质公园、国家森林公园、国家海洋公园等占国土面积约15%的保护地社区管理实践中，潜在社会效益和环境效益巨大。本课题处于启动阶段。

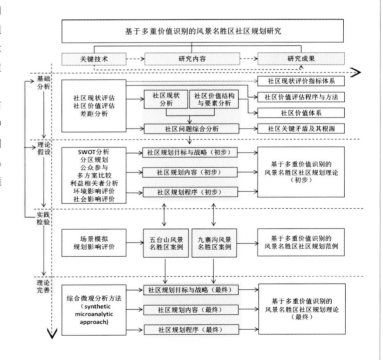

技术路线图

4.2.9 《中国名山风景区》

作　　者：周维权
出 版 社：清华大学出版社
出版时间：1996年12月

该书以名山风景区作为一个独立研究范畴，首次整理概况了中国名山风景区的形成发展史和现状；从自然资源和人文资源两方面概述了名胜区的风景资源；并对主要的名山风景区进行了重点介绍，文字逻辑严谨，图文并茂。全书从名山风景区的形成及其各时期的发展状况起笔，包括前期的发展情况，主要是殷、周、秦、汉以及魏晋南北朝时期；后期的发展情况，主要是"全盛阶段"（隋、唐、宋）和"守成阶段"（明、清）。随后介绍了名山风景区的旅游资源，分别阐述了自然资源与人文资源，并对主要的名山风景区进行了简介，包括五岳、佛教和道教的名山；还有一些名山风景的鉴赏，介绍了自然景观和人文景观。

4.2.10 《风景名胜区专题研究》

编　　者：中国科学技术协会主编，
　　　　　中国风景园林学会编著
章节撰稿人：庄优波、杨锐、赵智聪、胡一可、林广思
出 版 社：中国科学技术出版社
出 版 时 间：2010年4月

《风景名胜区专题研究》为《风景园林学科发展报告2009-2010》中的一章。该章节回顾了中国风景名胜区的发展与演变，论述了其产生的背景、制度的形成、实践和研究历程，重点总结了中国风景名胜区2006~2009年在基础理论、规划理论、管理和遗产保护理论以及体系建设、法律法规、技术规范和规划等实践方面的主要成就；并在此基础上，指出了未来风景名胜区的发展趋势和研究重点。

4.3.1 滇西北人居环境（含国家公园）可持续发展规划研究

项 目 类 型：云南省校科技合作项目
项 目 时 间：1998年4月～1999年6月
项目主持人：吴良镛
成果完成人：吴良镛、段森华、左 川、毛其智、吴唯佳、何耀华、党承林、何大明、
　　　　　　吴兆录、欧晓昆、杨福泉、郝性中、杨 锐、王宝荣、左 停、周 跃、
　　　　　　邓 卫、谢森传、杨一光、冯 彦、郭 净、林文棋

　　本项目试图改变我国现行的学科设置和开发建设的限制，组织了多学科联合的研究队伍和研究框架，对生物多样性、文化多样性保护与发展和人居环境建设之间的关系、存在的问题、保护与发展的重点、主要对策和紧迫性问题等提出了较明确的结论，并通过与地方各级领导及各学科专家的共同研究，对需要进一步开展研究的具体项目和采取的行动达成了共识，初步确定了较为明确的研究方向和较为成套的对策及方法，这为滇西北自然和人居环境保护与发展的继续深入研究和贯彻实施，奠定了必要的基础。

　　研究成果之一：著作《滇西北人居环境（含国家公园）可持续发展规划研究》首先对滇西北地区经济与社会发展进行阐述；然后重点论述了滇西北生物资源及生物多样性保护与发展，包括生物气候资源、植被森林资源、动物资源、生物多样性保护、环境污染及对策等内容；紧接着在研究人地复合系统的基础之上，对滇西北城乡发展与基础设施建设等研究内容进行了阐述。

专著：
吴良镛. 滇西北人居环境可持续发展规划研究
[M]. 昆明：云南大学出版社，2000.

4.3.2 滇西北国家公园与保护区体系建设规划

项 目 类 型：云南省校科技合作项目
项 目 来 源：云南省人民政府
总课题负责人：吴良镛
子课题负责人：左川、杨锐
规 划 时 间：1998年

　　滇西北是一处资源极为丰富，环境相对原始，经济社会发展相对滞后的地区，生物多样性、文化多样性与景观多样性造就了滇西北独有的魅力。云南省人民政府1998年4月委托清华大学和云南省社会发展促进会进行"滇西北人居环境（含国家公园）可持续发展研究"。"滇西北国家公园和保护区体系研究"是该项目的子项目之一，研究目的为：明确滇西北国家公园和保护区体系的组成与空间分布；提供建立完善滇西北国家公园和保护区体系的方法和途径；探讨有效管理滇西北国家公园和保护区体系的机制和政策；在上述研究的基础上提出建立完善滇西北国家公园和保护区体系的行动计划。作为区域性实践项目，滇西北国家公园和保护区体系建设规划是我国第一次在区域层次上整合风景名胜区、自然保护区等遗产资源的实践探索。项目研究了上述体系的环境因素、建设目标、空间结构、管理机制、管理政策和行动计划，在中观层次为建立完善中国国家公园和保护区体系积累了经验。

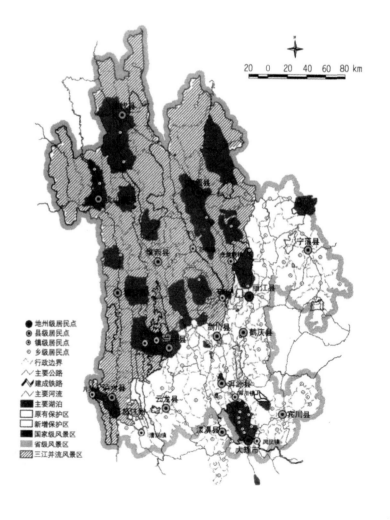

滇西北自然保护区和风景名胜区分布

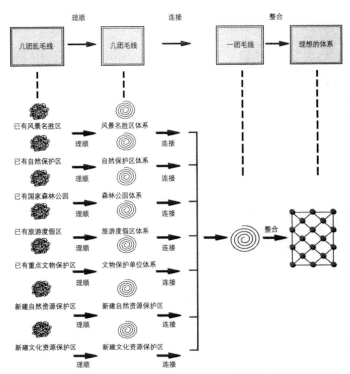

建立完善滇西北保护地体系的基本思路

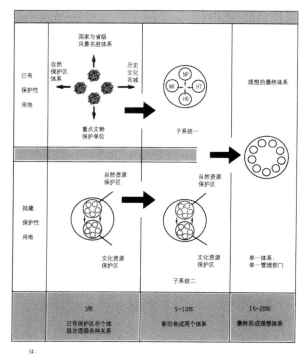

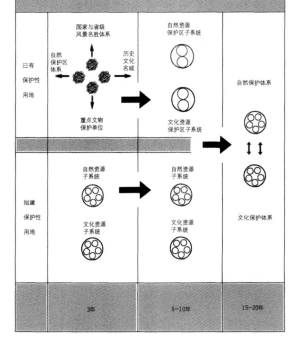

注:
NP 风景名胜区体系
NR 自然保护区体系
HB 文物保护单位体系
HT 历史文化名城保护体系

建立完善滇西北保护地体系的途径1   建立完善滇西北保护地体系的途径2

4.3.3 国家文化与自然遗产地保护"十一五"规划纲要

项目来源：国家发展与改革委员会
起止年月：2005年9月～2007年6月
主 持 人：杨锐
参 与 人：刘海龙、吕舟、饶权、庄优波、邬东璠等

《国家文化和自然遗产地保护"十一五"规划纲要》（以下简称《国家遗产地保护规划纲要》）是新中国成立以来第一个在国家层面以遗产地（包括文化、自然和混合遗产地）为对象的专项保护规划纲要。该规划纲要在深入研究我国各类遗产地有关情况的基础上，对"十一五"期间遗产地保护的有关重大战略、重大措施、重大项目和重大行动进行统筹规划，对我国今后的遗产地保护工作具有重要的指导意义。该规划从2005年开始，由国家发展和改革委员会会同财政部、国土资源部、建设部、国家环境保护总局、国家林业局、国家旅游局、国家文物局历时一年多组织编制完成。该规划采取"国家组织、专家参与、地方配合、多方协作"的方式进行，以清华大学杨锐教授为首的规划专家组对规划涉及的一些主要问题进行了专题研究。规划编制期间国家发展和改革委员会多次召开会议，广泛听取各部门意见，并邀请罗哲文、陈昌笃、吴良镛等相关领域的知名专家学者对规划稿进行评审。

《国家遗产地保护规划纲要》实施年限为2006年至2010年。规划纲要实施目标主要是：各类遗产资源得到妥善保护，保护力度得到强化，各种破坏行为受到有效遏制；绝大多数国家遗产地保护设施和装备条件得到明显改善，科研成果、新技术、新方法能够得到有效推广和合理应用，遗产地保护管理决策将建立在科学研究的基础上；各类遗产地都全面编制总体规划和专项规划，保护与管理工作的规范性和依据性进一步加强；遗产地在科普教育、环境教育、优秀传统文化教育、爱国主义教育方面的作用得到强化；在有效保护的基础上进一步开展遗产地旅游。

4.3.4 中国自然文化遗产地整合保护的空间网络理论方法研究

项目来源：国家自然科学基金委
项目编号：50608043
起止年月：2006年1月～2009年12月
主 持 人：刘海龙
参与人员：杨锐、庄优波、邬东璠、赵智聪、潘运伟、黄昕珮、贾丽奇

我国已逐步建立起综合的自然与文化遗产地保护体系。但目前从遗产资源体系出发的宏观空间格局指导和依据相对薄弱，同时对遗产资源及保护地分布合理性的空间评价也不足，并且许多遗产地因为多重身份、多块牌子而造成空间重叠、边界混乱，妨碍管理效能发挥，加剧遗产资源的破碎化。我国自然与文化遗产地的命名和建立，在未来仍会有较大空间，其空间结构关系会不断发生变化。因此，对我国自然文化遗产地整合保护的空间策略展开研究具有重要的理论和现实意义。

目前在世界遗产等领域日益重视建立跨越边界的连续、完整的保护空间网络和合作管理机制。这既是遗产地系统的代表性、完整性的要求，也是遗产地系统规划的关键内容之一。项目系统研究了国际上国土与区域生态网络、线性文化遗产体系、绿道网络及城市遗产保护体系的不同案例，并对我国当前风景名胜区、自然保护区、地质公园、文物保护单位等遗产地体系的最新进展进行了总结和归纳，基于我国遗产地资源特征和现有分类及保护体系，明确提出了"遗产地整合保护网络"（Integrated Conservation Network For Natural And Cultural Heritage Site System）概念，并对"空间"与"管理"两个层面的"网络"的含义进行了研究；提出了构建"遗产地整合保护空间网络"的关键理论模型与关键技术；针对我国国情及我国遗产地实际，探讨了构建不同尺度遗产地体系空间网络的目标、任务及具体方法，为解决目前自然文化遗产地分权管理、分散保护的问题和建立整合保护体系提供新的视角和可能途径；对理论和模型转化为具可操作性的遗产地体系规划进行了积极探索。成果可为我国新时期强化自然文化遗产整体保护，完善我国遗产地体系规划的理论与方法，实现不同尺度遗产地体系的合理空间布局，推动对遗产的系统科学保护与合理利用发挥积极的作用。

论文：
1. 刘海龙，杨锐. 对构建中国自然文化遗产地整合保护网络的思考[J]. 中国园林, 2009(1):24-28.
2. 刘海龙，潘运伟. 我国地质公园的空间分布与保护网络的构建[J]. 自然资源学报, 2009,9(25):1480-1488.
3. 刘海龙. 连接与合作：生态网络规划的欧洲及荷兰经验[J]. 中国园林, 2009(9):31-35.
4. 刘海龙. 中国遗产地体系空间网络的若干关键问题初探. CHSLA暨IFLA2010年会大会论文集[C]. 北京：中国建筑工业出版社, 2010:75-78.
5. 刘海龙. 中荷两处大尺度军事遗产体系的分析与比较[J]. 南方建筑, 2009(4):84-88.
6. 刘海龙. 基于过程视角的城市地区生物保护规划——以浙江台州为例[J]. 生态学杂志, 2010,29(1):8-15.
7. 刘海龙. 文化遗产的"突围"——德国科隆大教堂周边文化环境的保护与步行区的营造[J]. 国际城市规划, 2009,24(5):100-105.

获奖：
论文《构建中国遗产地整合保护网络的若干关键问题探讨》于2010年5月获"中国风景园林学会2010年会优秀论文评奖"佳作奖

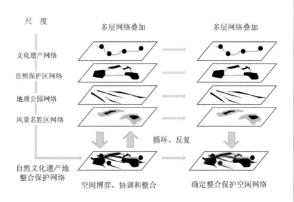

研究框架图

4.3.5 我国省域/区域遗产地体系规划的理论与实践研究

项目来源：国家自然科学基金委
项目编号：51078215
起止年月：2011年1月～2013年12月
主 持 人：刘海龙
参与人员：杨冬冬、赵婷婷、潘运伟、莫 珊、吴 纯、王依瑶、
　　　　　张振威、贾丽奇、林广思、邹东璠、庄优波、王应临、
　　　　　程冠华

当前世界遗产、国家公园与保护区领域日益重视从单个遗产地走向遗产地体系、通过制定遗产地体系规划来实施遗产地的宏观、综合管理。近年来我国也逐步开始遗产地体系规划的探索，但目前还存在诸多问题，如仍缺乏法定地位、概念还不够清晰、认识还不准确，系统性、规范性、科学性尚不足，不同类型遗产的协调、整合不够，与国外的比较和借鉴不足等。

本研究将在对国际上相关遗产地体系规划的理论与实践进行借鉴、比较的基础上，对省域/区域遗产地体系与体系规划进行深入研究，包括：借鉴研究遗产地体系的相关国际理念，尤其关注国际上遗产地体系规划的编制、实施、立法和管理政策等方面的具体经验；综合国内各方面遗产地体系规划的成果，包括自然保护区体系、风景名胜区体系、地质公园体系、森林公园体系、文化遗产体系等，从中归纳共性和差异性的内容，为总结遗产地体系规划的基本框架奠定基础；选择若干省对其遗产地体系规划的编制进行实证研究；最后就我国省域/区域遗产地体系规划的规范提出建议。项目成果将为推动我国中观尺度的省域/区域遗产资源的整合保护提供理论支持，并对遗产地体系规划实践的规范化、科学化奠定基础。

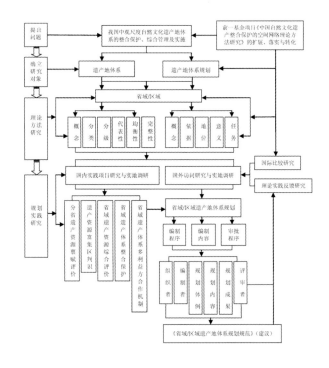

研究框架图

论文：
1.刘海龙、王依瑶. 美国国家公园体系规划与评价研究——以自然类型国
　家公园为例[J]. 中国园林,2013(9).
2.潘运伟、杨明. 濒危世界遗产的空间分布与时间演变特征研究[J]. 地理
　与地理信息科学, 2012(7): 88–110.

4.3.6 北京市风景名胜区体系规划

项 目 面 积：16410平方公里
规 划 时 间：2004年3月~2007年1月；
　　　　　　2010年9月~2011年7月修编
项目负责人：杨锐、党安荣
规划阶段成员：祁黄雄、刘海龙、杨海明、武磊、袁南果、
　　　　　　　庄优波、赵智聪、柴江豪、阙镇清、翟林、
　　　　　　　王萌、孔松岩、崔宝义、罗婷婷
修编阶段成员：庄优波、林广思、赵智聪、王应临、彭琳、
　　　　　　　李屹华

《北京市风景名胜区体系规划》是北京市首次开展的风景名胜区体系规划研究，也是全国省、直辖市一级最早的风景名胜区体系规划研究之一，具有原创性和示范性。该研究主要包括：第一，全面评估北京市风景名胜资源，在重要性和代表性评价基础上确定保护和利用上述资源的目标体系、战略步骤和行动计划；第二，确定北京风景名胜区体系的空间布局与结构（包括范围、层次和分类，即等级结构、规模结构与功能结构）；第三，进一步研究和落实《北京城市空间发展战略研究》提出的"西部生态带"和"国家公园战略"的内容；第四，建立北京市风景名胜区体系规划实施及其保障体系，即确定北京风景名胜区体系保护与发展的近期行动计划和优先顺序，明确管理机制，从而建立实施北京市风景名胜区体系规划的支持平台。《北京城市总体规划（2004－2020）》在风景名胜区方面全面采用了上述研究成果，包括以风景名胜区网络状布局替代孤岛式布局；以整体带状长城保护替代片段式保护；风景名胜区用地占市域面积三分之一以上等，在指导北京市风景名胜区发展定位、发展方向以及各风景名胜区制定总体规划方面，起到了重要作用。

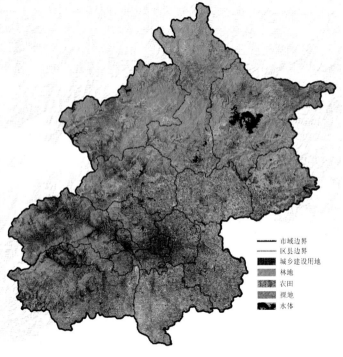

——	市域边界
——	区县边界
■	城乡建设用地
▨	林地
▨	农田
▨	裸地
■	水体

卫星影像图

专著：
祁黄雄. 中国保护性用地体系的规划理论和实践[M]. 北京：商务印书馆，2007.

风景园林遗产保护

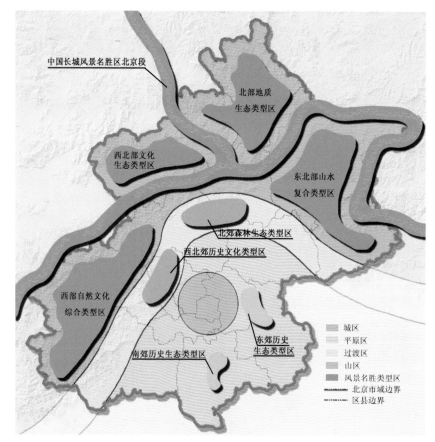

中国长城风景名胜区北京段

北部地质
生态类型区

西北部文化
生态类型区

东北部山水
复合类型区

北郊森林生态类型区

西北郊历史文化类型区

西部自然文化
综合类型区

东郊历史
生态类型区

南郊历史生态类型区

城区
平原区
过渡区
山区
风景名胜类型区
北京市域边界
区县边界

空间类型分布图

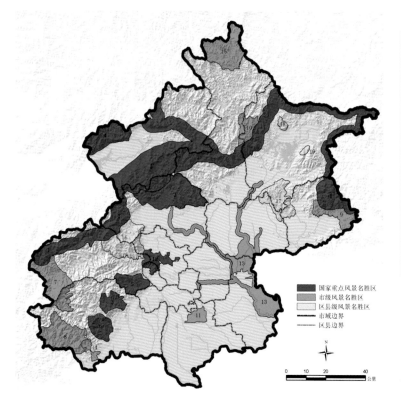

国家重点风景名胜区
市级风景名胜区
区县级风景名胜区
市域边界
区县边界

N

0 10 20 40
公里

体系规划图

规划风景名胜区一览表			
1	中国长城北京段	2	十三陵
3	石花洞	4	龙庆峡-松山-古崖居
5	潭柘寺-戒坛寺	6	上方山-周口店
7	东灵山-百花山	8	十渡
9	金海湖-大溶洞	10	云蒙山
11	南苑	12	西山
13	古运河-潮白河-温榆河	14	云居寺
15	喇叭沟门	16	妙峰山-小西山
17	丫髻山-唐指山	18	云峰山
19	白龙潭		

4.4 世界遗产

4.4.1 五台山申报世界遗产文本
编制及保护管理规划

项目面积：607平方公里
规划时间：2005年~2008年
参与人员：杨锐、邬东璠、庄优波、刘海龙、江权、李继宏、杨海明、
　　　　　杨春惠、翟林、赵智聪

　　五台山位于山西省东北部忻州市五台县境内，中心点距太原市230公里，距忻州市150公里。它拥有独特而完整的地球早期地质构造、地层剖面、古生物化石遗迹、新生代夷平面及冰缘地貌，完整记录了地球新太古代晚期—古元古代地质演化历史，具有世界性地质构造和年代地层划界意义和对比价值，是开展全球性地壳演化、古环境、生物演化对比研究的典型例证。以五个台顶为代表的古夷平面经历断块造山抬升，形成平顶山脉；第四纪冰期冻融侵蚀使古夷平面受到改造，发育了典型的冰缘地貌。五台山是中国佛教的瑰宝，保留了大量佛教文化及古代建筑遗产，同时也是当代佛教活动最为活跃的地区之一。古老而独特的地貌与清凉高寒的气候，与佛教文化相依相衬，孕育了世界佛教的文殊信仰中心，绵延承传1600余年，展现了一种独特而富有生命力的组合型文化景观。

　　申报世界遗产将使五台山佛教文化在世界范围更加发扬光大，同时也有利于环境整治的落实，促进五台山保护和管理水平质的飞跃。另外，申报过程本身也具有重要意义。世界遗产中心对遗产提名地的保护、管理、规划等方面都提出了较高要求，因此申报过程本身也就是一个建设完善的过程。在五台山，由于近现代社区商业设施的无序膨胀，其台怀核心区佛教建筑群的文化氛围受到了严重影响，核心区被商业设施团团包围，原有的依山而建的崇高气势也荡然无存。可见，核心区的环境整治已势在必行，而申报世界遗产正是这一整治工作的良好契机。

　　项目的难点是遗产提名地的边界划定以及核心区的选择问题，需在保证遗产代表性的前提下，尽量兼顾社区的发展利益，并尽可能与现有保护及管理边界相协调。

　　根据世界遗产中心2005年《实施世界遗产公约操作指南》，申遗文本编制组编制了申报正文，并配合制定了提名地的保护与管理规划，其中申报正文是整套文本的核心部分，包括提名地识别、描述、列入遗产名录的理由、保护状况及影响遗产的因素、提名地的保护与管理、监测、相关文件、负责机构的联系信息、缔约国代表签名等9部分内容；并进行了解说教育、道路交通、服务设施、管理用房、基础设施、防灾避险科学研究等专项规划，给出了近期行动计划，并提出规划实施的保障措施。

五台山风景名胜区核心区及其缓冲区位置图

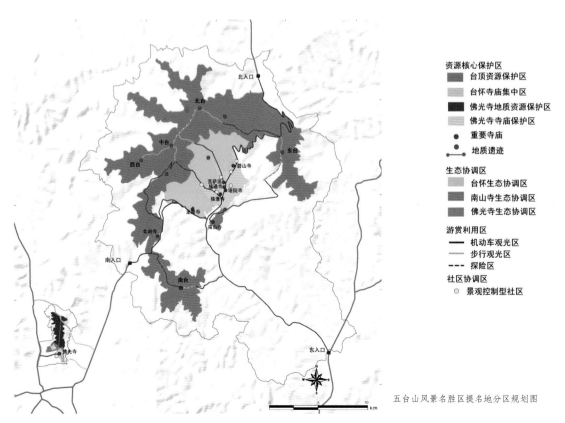

五台山风景名胜区提名地分区规划图

4.4.2 九寨沟世界自然遗产地保护规划

项目面积：遗产地面积720平方公里，缓冲区面积600平方公里
编制时间：2011年7月至今
设计人员：庄优波、杨锐、赵智聪、王应临、许晓青、彭琳、高飞、
　　　　　贾崇俊、江惠彬、程冠华

九寨沟地处青藏高原东北部，岷山南段弓杠岭东侧，属于青藏高原和四川盆地两大地貌单元的过渡地带。1978年，国务院批准九寨沟为国家级自然保护区。根据《四川九寨沟国家级自然保护区总体规划（2006－2015）》，自然保护区的价值评价："保护区是以保护大熊猫及其栖息地为主的野生动物类型的自然保护区。保护对象包括：大熊猫及其栖息地环境、喀斯特钙华堆积地貌及湿地生态系统。"1982年，国务院批准九寨沟为国家级风景名胜区。根据《九寨沟风景名胜区总体规划修编（2001-2020）》，风景名胜区的价值评价："九寨沟的景观特征可概括为翠海、叠瀑、彩林、雪峰和藏情五绝。以奇特的水景昂立于中国自然风景之林"。1992年，九寨沟列入世界遗产名录，符合世界遗产标准Ⅶ。

总体而言，目前我国世界遗产地的保护规划尚处于探索阶段，其法律地位、规划功能定位、与其他规划的关系、编制实施机构、具体内容构成等均尚未明确。（1）国家层面，尽管近年来各遗产地申报时均会编制专门的提名地保护管理规划，但是尚未出台针对遗产地保护管理的法律法规，也未出台针对遗产地保护管理规划的技术规范。住建部正委托清华大学进行相关课题研究，也在努力将遗产地保护管理规划规范编制课题纳入科技部"十二五"科研课题。（2）地方层面，四川省于2002年开始施行《四川省遗产保护条例》，并于2007年批准《阿坝州实施〈四川省世界遗产保护条例〉条例》，为四川省各遗产地保护管理规划的编制提供了针对性的法规依据。同时，四川省住房与城乡建设厅遗产办编制了《四川省世界遗产地保护规划大纲》，对规划内容构成提出了指导意见。但是，四川省住房与城乡建设厅遗产办也提出，该"规划大纲"仍处于探索阶段，留有较大的讨论空间。本次规划成果是这一探索阶段的组成部分。

在规划内容方面，本次规划充分借鉴了世界遗产保护管理理念发展趋势，包括：适应性管理、缓冲区作为保护管理手段、突出普遍价值保护与地方价值保护的统筹、对文化景观的关注、对气候变化影响和灾害管理的关注等。《四川省世界遗产地保护规划大纲》要求规划内容共9个部分，分别为：规划依据与总则、遗产地概况、遗产地的突出普遍价值、遗产地保护现状与面临的环境压力、遗产地管理体系、投资概算与资金来源、参考文献、主要附图和附件等。基于上述理念发展趋势，本次规划对《四川省世界遗产地保护规划大纲》的部分章节进行了调整：（1）增加章节：缓冲区与区域协调、应急规划；（2）章节合并：管理培训和管理能力建设合并为管理体系建设；（3）名称调整：保护意识的宣传与教育改为解说教育。

在现状问题分析方面，参考相关评估，本次规划提出九寨沟现状存在的三个方面的关键问题与威胁，分别是游客规模与容量、社区发展、美景保护。

本次规划通过目标体系—战略规划—分区规划—专项规划等多层级内容，应对九寨沟现状问题和潜在威胁。其中，战略规划方面，提出整体保护与最小干扰、区域统筹与多方合作、空间措施和管理措施相结合、以监测为基础的适应性管理和渐进式改变等战略，具有重要意义。

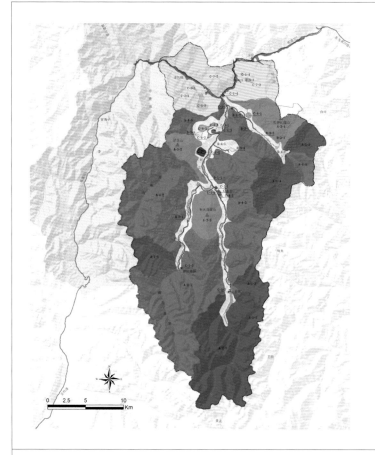

资源严格保护区（A）
- A-1 大熊猫潜在迁徙廊道
- A-2 特殊水源保护区
- A-3 神山体系
- A-4 生态保护区

资源有限利用区（B）
- B-1 机动车观光区
- B-2 大众步行观光区
- B-3 文化生态游览区
- B-4 沟内自然保护区

建设协调区（C）
- C-1 旅游服务区
- C-2 沟内大众观光型社区
- C-3 沟内旅游服务型社区
- C-4 沟内生态游览型社区
- C-5 沟外视觉景观控制型社区
- C-6 沟外文化传统保护型社区
- C-7 镇区生态环境协调区
- D 缓冲区
- 遗产地范围

保护功能区划图

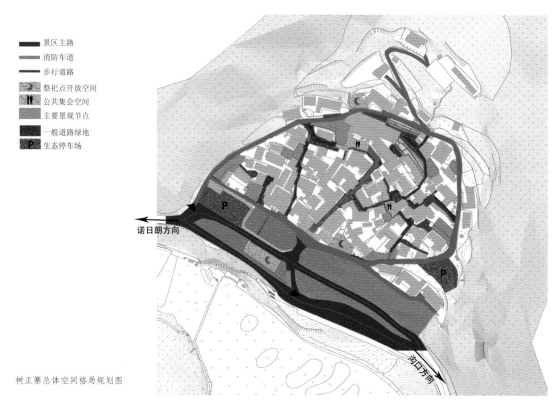

- 景区主路
- 消防车道
- 步行道路
- 祭祀点开放空间
- 公共集会空间
- 主要景观节点
- 一般道路绿地
- P 生态停车场

诺日朗方向

沟口方向

树正寨总体空间格局规划图

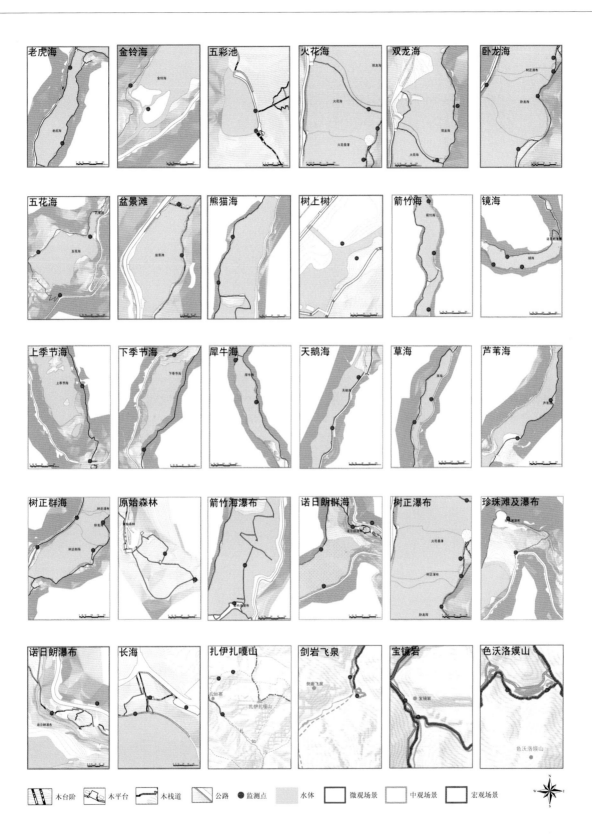

自然美景监测点位示意图

4.4.3 我国世界自然遗产地保护管理规划规范预研究

项目来源：UNESCO北京办事处和住建部城乡规划管理中心联合委托
起止年月：2011年6月~2014年6月
主　持　人：庄优波、杨锐
参与人员：赵智聪、张振威、贾丽奇、王应临、许晓青、彭琳

《实施世界遗产公约的操作指南》是世界遗产保护管理的重要依据之一，在该操作指南的"2.F"中，要求各国采用立法、规划、机制、传统等手段，保障遗产突出普遍价值（OUV）及其真实性和完整性不会因社会发展变迁而受到负面影响，并对边界、缓冲区、管理机制、可持续利用进行了相关要求。其中，遗产地的规划是一项重要的保护管理手段，被要求作为申遗文本的附件提交世界遗产中心。

世界各国的规划体系和管理机制不同，因此世界遗产地保护管理规划的内容和形式也各不相同。世界自然遗产咨询机构自然保护联盟（IUCN）在2008年发布了《世界自然遗产管理规划——实践者指南》，对如何编制该类规划提出了相应建议。

我国的世界自然遗产地，在国家层面往往以风景名胜区、自然保护区、地质公园、森林公园等保护地形式进行保护。不同类型的保护地有各自对应的保护管理规划。那么，世界自然遗产地保护管理规划与我国现有的各类保护地规划之间是什么关系，现有的各类规划是否满足遗产地保护管理的要求，是否有必要编制专门的独立于现有规划类型的遗产地保护管理规划，遗产地保护管理规划应该包括哪些内容？针对目前中国缺少世界自然遗产保护管理规划国家规范的现状，本次课题计划通过国内现状分析和国际案例比较借鉴，提出我国世界自然遗产保护管理规划内容框架，形成《中国世界自然遗产地保护管理规划规范（草案）》。

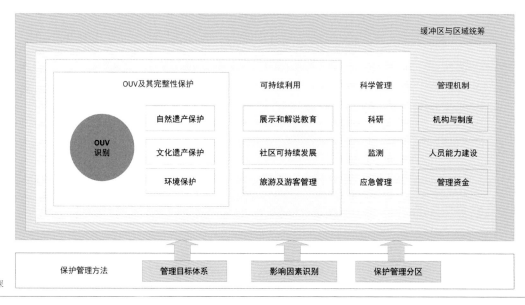

遗产规划框架

4.5 文化景观

4.5.1 中国村落传统研究
（Chinese Village Traditions）

项目类型：国际合作研究项目
项目来源：美国地球观察研究所（EarthWatch Institute）
项目编号：200505200808
项目时间：2005年5月～2008年8月
主 持 人：党安荣、冯晋、吕江
参与人员：冯晋、吕江、刘艳锋、郎红阳、马琦伟、赵静、梁君健、
　　　　　张艳、陈杨

中国村落传统研究项目是由美国地球观察研究所（EWI,Earth Watch Institute）资助，由清华大学、劳伦斯科技大学（美国）、东密西根大学（美国）共同承担的。陕西省榆林市委市政府与佳县县委县政府是本项目重要的支持机构，榆林市文化局、佳县文化局是本项目重要的组织承办单位。项目由党安荣、冯晋、吕江三位教授共同主持，参加人员有来自项目承担单位的教授及研究生，更有来自美洲、欧洲、澳洲、亚洲等相关机构与专业的友好人士。

项目的总体目标是研究村落传统文化的发展与传承、挖掘村落传统文化特色与价值、探索村落传统文化旅游模式、促进村落经济持续发展。具体的考察活动是以榆林、佳县的历史文化为背景，以党家山村落文化为起点，解读、汇集与分析反映当地居民过去及现在的民俗生活、文化内涵及其赖以生存的生态环境等多种信息。项目主要的考察内容包括四个方面：一是村落传统文化的环境背景——地理地貌与生态环境及其变迁，二是村落传统文化的历史背景——长城遗址、历史建筑、古城等名胜古迹，三是村落传统文化的物质形式——地方居民的衣、食、住、行、生产与生活，四是村落传统文化的非物质形

窑洞村落民居及其环境保护传承规划图

式——民风、民俗、宗教信仰、音乐、传说等。项目组通过考察、调查、走访、测量、摄影、录像等方式，多方面记录与整理反映中国村落传统文化的第一手资料，为研究民俗文化、尊重历史传承、保护村落传统文化、利用文化资源、造福地方民众，提供生动准确的科学依据和切实可行的决策支持。

通过四年的考察研究，对村落传统保护与发展取得下列成果：（1）形成思路：通过对榆林、佳县有关历史文化、生态环境、民俗传统的考察，充分认识了村落传统文化的价值所在，并在此基础上形成了关于村落传统文化保护与发展的思路。（2）达成共识：通过与榆林、佳县政府部门与领导的接触与交流，感受到政府领导对于村落传统文化价值的认识与重视，并达成了一些共识性的思想观念，有利于保护与发展的实施。（3）开展宣传：通过来自美国、英国、俄罗斯、新加坡、新西兰、澳大利亚、印度尼西亚、中国等国家的项目成员

的认真工作，对村落传统文化进行了很好的宣传，对于传统文化的弘扬与发展将产生深远的影响。

2007年3月，在美国波士顿举行的"地球观察研究所（EarthWatch Institute）2007年度国际会议"上，该项目受到极大的关注。党安荣教授与冯晋教授双双获得该年度地球观察研究所颁发的唯一奖项"地球观察科学家奖（EarthWatch Scientist Award）"。

论文：
1.党安荣，马琦伟，赵静. 村落传统文化保护研究的空间信息技术方法[J]. 城市-空间-设计,2012(1): 26-29.
2.马琦伟，党安荣，赵静. 村落文化景观保护规划设计探索[J]. 城市空间设计，2012(1): 37-42.
3. 党安荣，吕江，赵静. 窑洞民居的发展变化与保护传承[J]. 中华民居，2009(2): 12-15.
4.党安荣，郎红阳，冯晋. 黄土高原北部窑洞民居建筑的变迁与保护研究[J]. 世界建筑，2008(9): 90-93.

黄土高原北部典型的村落环境景观与窑洞民居布局

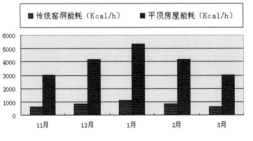

窑洞民居与平顶房屋能耗对比

窑洞民居与室外温度对比

调研照片

4.5.2 基于空间信息技术的滇西北村落文化景观保护模式研究

项目类型：教育部博士点基金项目
项目来源：教育部
项目编号：20110002110096
起止年月：2012年1月～2014年12月
主 持 人：党安荣
参与人员：罗德胤、朱战强、杨宇亮、张丹明、陈杨、张艳、刘岩彬

本课题针对我国村落文化景观面临巨大威胁的现状，采用集成空间信息技术（SIT）研究村落文化景观的构成因子与演化机制等理论与技术问题，探讨有效的保护模式。课题对于丰富中观尺度人居环境科学的理论与技术方法有重要学术意义，对传统村落的转型与发展、新农村建设等工作有重要现实意义。

研究内容由以下四个方面构成：以滇西北村落为例探讨村落文化观的构成因子、作用机理；研究村落文化景观的演化规律与驱动机制；研究基于SIT分析的保护方法与措施；通过案例研究，探讨具有普遍意义的保护模式。研究以集成RS、GIS、GPS、VR的空间信息技术为支撑，借鉴建筑学、城乡规划学、乡村地理学、景观生态学等学科理论与方法，以融贯多学科交叉的视角，结合定性与定量分析，形成基于SIT集成优势的技术方法论。

本研究需要大量的实地调研支撑。调研工作以分次分批的方式进行：2012年3月完成香格里拉地区的调研，2012年4月完成怒江地区的调研，2012年8月完成大理洱海地区的调研，2013年6月完成以澜沧江流域、金沙江流域为线索的调研工作，目前的调研工作已基本完成。

现阶段进行的工作主要集中于数据的整理与分析，如基于SIT技术的流域划分，村落文化景观的构成因子研究，村落分布与河流的相互关系探讨，形成村落空间关系的多种因素，并根据工作进展撰写论文作为阶段性成果。

该课题的部分成果参加了"2012（台湾）数位文化遗产保护国际研讨会"，获得好评。

论文：
1.杨宇亮, 张丹明, 党安荣, 谢浩云. 村落文化景观形成机制的时空特征探讨——以诺邓村为例[J]. 中国园林, 2013(3):60-65.
2.杨宇亮, 张丹明, 党安荣, 谢浩云. "看得见的手"与"看不见的手"——多学科视野下村落文化景观形成机制的实证探讨[J]. 规划师, 2012,28(z2):253-257.
3. 杨宇亮, 党安荣. 村落文化景观的交叉学科研究方法——以诺邓村为例[J]. 城市空间设计,2012(1):18-22.

澜沧江边的村落

技术路线图

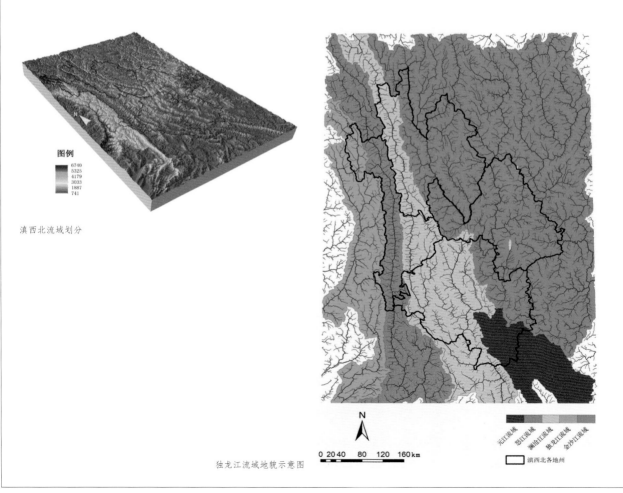

图例

6740
5325
4179
3033
1887
741

滇西北流域划分

独龙江流域地貌示意图

N

0 20 40   80   120   160 km

元江流域　怒江流域　澜沧江流域　独龙江流域　金沙江流域

　滇西北各地州

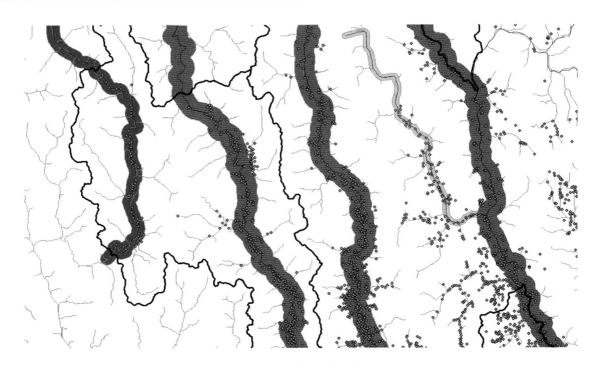

河流与村落分布的相关性示意

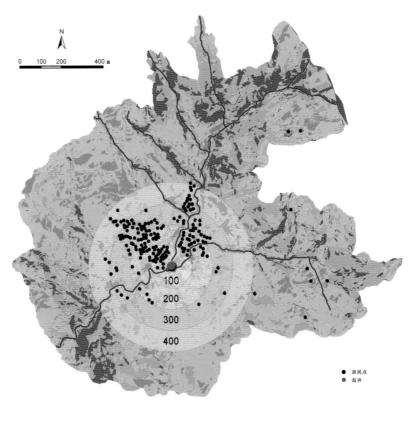

诺邓村形成过程中盐井的作用示意

4.5.3 皇家文化影响下的文化景观遗产保护理论与实践研究

项目来源：国家自然科学基金委
项目编号：51008180
起止年月：2011年1月~2013年12月
主 持 人：邬东璠
参与人员：赵智聪、贾丽奇、王应临、程冠华、彭琳、许晓青、王如昀、
　　　　　杜建梅、郑斌秀、庄优波、刘海龙、林广思

　　长期以来，中国对自身文化景观的遗产价值缺乏认识，伴随近年来国际学者对中国文化景观的关注，国内业界才开始觉醒，认识到在中国成熟的风景名胜区及文物保护单位体系中，隐藏着巨大的文化景观遗产潜力。然而与世界遗产体系接轨的相关研究十分匮乏，有中国特色的相关保护理论和方法尚属空白。本研究从"研究对象界定、保护要素研究、保护方法研究、实践应用研究"等4个方面展开，以皇家文化影响下的文化景观为研究对象，对接世界遗产相关理论，通过整合现行的风景名胜区与文物保护单位两套体系下的保护理论和方法，并借鉴非物质文化遗产的保护理念，对文化景观遗产中所蕴含的自然、物质文化与非物质文化三类要素进行整合保护研究。以西方的逻辑思维方式解析景观文化要素和载体，再以东方的诗性智慧，将分解筛选后的文化要素与保护方法加以综合，形成新的适合皇家文化景观遗产特质的保护理论框架，并为更大范围的中国文化景观遗产保护提供可资参照的理论框架。

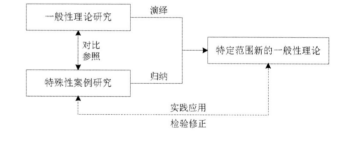

技术路线图

论文：
1.邬东璠. 议文化景观遗产及其景观文化的保护[J]. 中国园林,2011(4):1-3.
2.庄优波,杨锐.北京社稷坛(中山公园)价值识别与保护管理研究[J].中国园林,2011,(4): 26-30.
3.杜建梅,李树华,邬东璠.明清时期北京天坛外坛植物景观特征研究[J]. 中国园林,2012,28（12）:100-104.

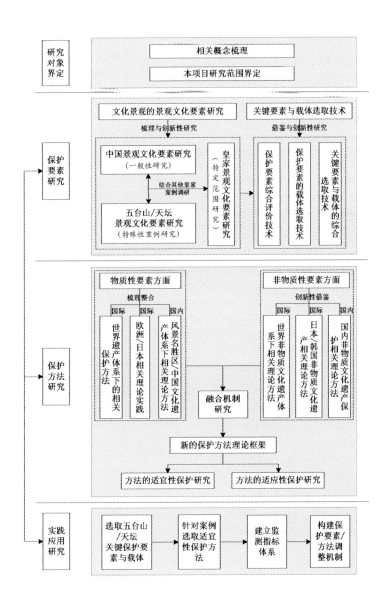

研究框架图

风景园林遗产保护

4.5.4 天坛总体规划

项目面积：273公顷
规划时间：2007年3月
参与人员：杨锐、邹东璠、庄优波、刘海龙、赵智聪、
　　　　　胡一可、贾丽奇、张振威、刘雯、史舒琳、
　　　　　郭湧、王应临、戚征东、张元龄

　　天坛是世界文化遗产、国家重点文物保护单位，有着极高的文物价值和历史研究价值。随着日益高涨的旅游和全民健身热潮，不可复制的文物及古柏群遗存给天坛带来了每年约2000万人次的旅游者和市民游憩者，天坛这座古老的祭坛在当前不仅承担了世界遗产的旅游职能，还承担着供北京市民游憩的公园职能。同时，由于各种历史原因，造成了天坛在保护管理上存在坛域格局不完整、文物保护待完善、游客体验不到位、部分活动不恰当等全局性关键问题，以及设施建设待改善、局部植被待调整、视觉景观不理想、区域环境待协调、监测维护待加强等专项问题。本规划针对以上问题，对天坛的保护与管理进行了总体规划，在遗产保护、旅游与市民使用者管理、组织管理及区域协调与合作等4个方面确立了目标体系，并进一步制定了整体保护、社会支持、统筹憩游、承载均衡、价值整合、区域和谐及科学管理等7项战略，进行了规模与容量的测算，明确了规划结构、用地布局，制定了管理分区及分区管理政策，并在此基础上制定了遗产保护、园林植物调整、游客管理、解说教育、道路交通、服务设施、管理用房、基础设施、防灾避险科学研究等专项规划，给出了近期行动计划，并提出规划实施的保障措施。

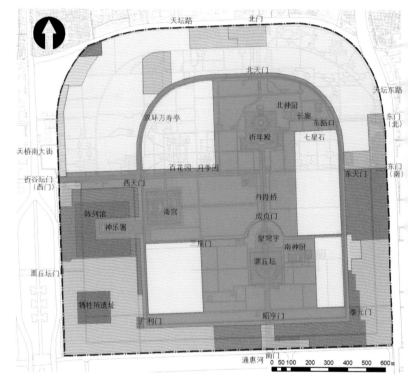

- ■ Ⅰ级保护区
- □ Ⅱ级保护区
- ▨ 科研展示区
- ▨ 入口服务区
- ▨ 管理服务区
- ■ 回收建设区
- ▨ 回收协调区
- ⌐⌐ 规划范围

天坛近中期总体功能分区图

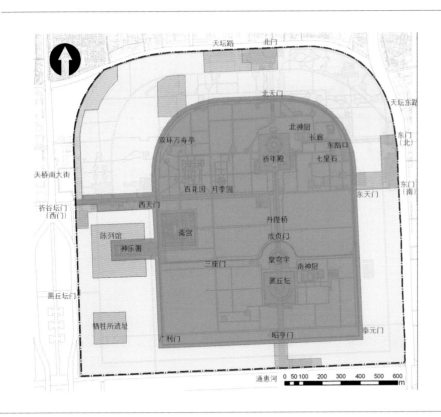

Ⅰ级保护区
Ⅱ级保护区
科研展示区
入口服务区
管理服务区
规划范围

天坛远期总体功能分区图

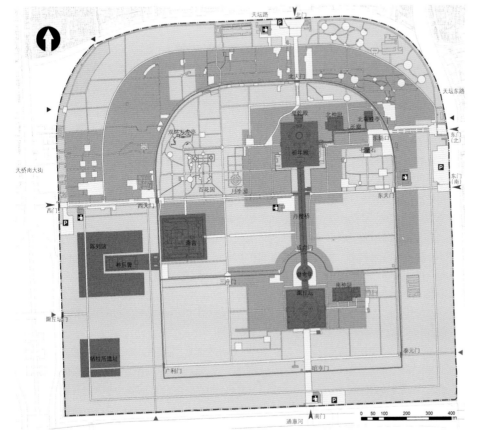

建筑用地
保护性游览建筑用地
一般游览建筑用地
服务建筑用地
管理与辅助建筑用地
园路与场地
园路与铺装场地
绿地
古树密集分布绿地
一般绿地
主要出入口
次要出入口
管理辅助出入口
停车场
游客中心
规划范围

天坛总体规划图

风景园林遗产保护

5 风景园林植物应用

5.1 综　述

自1951年汪菊渊先生与梁思成先生共同倡议由北京农业大学和清华大学合办国内第一个园林专业开始，在清华大学营建系造园组的课程中，就有"植物分类"课程（授课教师为中国科学院崔友文）和"观赏树木与花木"课程[1]（授课教师为汪菊渊、陈有民）。在造园组的暑期实践、参观实习、毕业实践等教学环节，风景园林植物相关的内容也占有相当比重。

之后虽未在清华大学设置独立的风景园林专业，但作为风景园林重要组成部分的植物与植物应用的教学和研究却从未停止。在建系之前，特邀北京林业大学周道瑛老师讲授风景园林植物相关课程；在2003年建系之后，邀请包志毅教授开设风景园林植物景观规划设计课程。朱钧珍先生的著作《中国园林植物景观艺术》于2003年付梓，反映了半个世纪以来清华风景园林植物应用方面取得的成果。该书以朱钧珍先生早年所做课题"杭州园林植物配植"的研究成果为基础，经过作者多年设计与教学实践，对该研究成果继续完善、修改和补充，是朱钧珍先生多年从事园林规划设计、教学与研究的结晶。该著作深入挖掘和探讨了独具传统特色的中国园林植物景观艺术，阐述了园林植物风格的形成、中国传统园林植物景观、中国寺庙园林植物景观、园林植物空间景观、园林植物水体景观、园林植物道路景观、园林建筑小品的植物景观、绿色造景艺术、大自然的植物景观等内容。

景观学系建系以后，特别是2009年以来，风景园林植物应用方向在李树华教授带领的课题组扎实的教学科研工作的基础上，取得了丰硕成果。课题组从事相关研究工作，研究方向主要为城市绿地生态效益、城市生物多样性分布特征及康复景观基础理论及规划设计手法。2009年以来，申请国家自然基金2项、教育部博士点基金（博导类）1项、中国博士后科学基金2项；出版专著《防灾避险型城市绿地规划设计》（中国建工出版社，2010年）一部，主编《园林种植设计学——理论篇》（中国农业出版社，2010年）和《园艺疗法概论》（中国林业出版社，2011年）两本教材，翻译《园林植物景观营造手册——从规划设计到施工管理》（中国建筑工业出版社，2012年）一部。先后在*Journal of Environmental Management*、*Building Simulation*、*Silva Fennica*、《生态学报》、《应用生态学报》、《植物生态学报》、《中国园林》、《林业科学》、《生态学杂志》等学术期刊发表学术论文60余篇。

城市绿地生态效益与功能

城市带状绿地和城市河流廊道绿带是城市绿地的重要组成部分，承担着城市生态廊道的功能，将城市郊区的自然气流引入城市内部，阻隔和分散城市热岛效应。但是，由于受到城市化进程中剧烈的人类活动干扰，城市带状绿地，尤其是城市河流廊道成为人类活动与自然过程共同作用最为强烈的地带之一。李树华课题组的"城市绿地生态效益定量研究"课题利用小尺度定量测定的方法，对北京城市带状绿地、城市河流廊道绿地与生态环境效益关系进行了历时3年的研究。课题系统研究了城市带状绿地不同宽度、不同内部构成、不同郁闭度、不同环境类型带状绿地的温度、相对湿度、负离子浓度以及含菌量因子的差异，探明了带状绿地的宽度、内部构成、郁闭度以及环境类型与生态环境效益之间关系。并选择北京城市河流及其河岸绿带作为研究对象，分析城市河流宽度、河岸绿带宽度、绿带垂直结构及不同郁闭度对温湿效应的影响。研究取得了大量重要成果。

快速的城市化进程，使城市自然生态系统遭受严重破坏，生物多样性锐减。国内外关于城市生物多样性的研究主要针对植物多样性或动物多样性，缺乏系统全面研究，尤其缺乏对城市动植物多样性空间分布特征的研究。李树华课题组的"城市绿岛动植物多样性分布特征研究"课题以北京城市绿岛为研究对象，经过大量实地调研和扎实的数据分析工作，探讨城市绿岛的面积、位置、形状、内部构成对动植物多样性的影响，分析植物多样性与动物多样性的关系。在此基础上，得出能够达到动植物多样性稳定的城市绿岛最小面积；揭示城市化进程对城市绿岛动植物物种组成及多样性的影响规律；分析不同形状绿岛中动植物多样性的差异；总结不同生境对动植物物种组成及多样性的影响。研究结果为高质量的城市绿地建设、安全的城市生态格局构建及合理的城市绿地系统规划提供科学依据，在城市环境中实现人与自然的共生，达到城市生态环境的可持续发展。

康复景观基础理论及规划设计手法

城市景观绿地具有身心康复功能。随着城市化进程的发展、老龄化社会到来、城市居民心理压力增大，城市老龄人口数量快速增加，亚健康群体增大，慢性病发病率上升，医疗机构开支增加。景观具有自然属性，无论东西方文化都有其对人类健康改善作用的记载，国内外对景观的康复原理、景观的身心健康改善作用、康复景观设计等已经有一定的科学研究。因此康复景观设计将越来越被用作积极的辅助疗法。研究城市绿地对人生理和心理康复作用以及对应的绿地特征，从而科学指导康复景观设计将具有重要意义。

李树华教授课题组从2010年对康复景观基础理论及规划设计手法开始深入研究，试图探寻景观绿地具体特征与身心康复效果的相关性，探讨不同尺度、不同类型城市康复景观设计的差异性，并总结城市医疗设施园林、养老机构庭园、居住区绿地、综合公园的康复景观设计手法。研究结果能充实康复景观与园艺疗法方面的定量化科学研究，为康复景观与园艺疗法的推广与普及提供科学论证；为康复景观设计以及风景园林的康复景观功能设计、进而为风景园林设计提供科学依据；从风景园林学科角度，为改善城市居民的身心健康状况以及老龄化社会问题的解决提供一条较为有效的途径。

目前课题组对"循证设计"在医疗园林、专类康复花园中的应用、康复景观的实证研究方法方面已经取得初步研究成果。课题组正在探索引入"亲生物"设计概念并对其进行理论拓展和实践启发。"亲生物"设计是以人类进化理论为基础，寻求人与自然和谐共生，并对人身心健康产生积极作用的设计方法。在研究"亲生物性"和"亲生物"设计概念和其健康促进功效的基础上重点分析"亲生物"设计方法，并通过对北京空军总医院实际案例的改造设计进一步对康复景观"亲生物"设计进行实践分析。

展望

在清华大学风景园林的学科体系中，植物与植物规划设计仍将占有重要地位，除了在"风景园林植物"和"植物景观规划设计"课程的教学中不断探索适合学生特点、适合建筑类院校风景园林学科发展的教学内容与教学方法，继续开展并加强城市绿地生态效益定量研究、城市动植物多样性分布特征研究、康复景观基础理论与规划设计手法等已有研究方向外，还将利用清华大学建筑学院的有利平台、借助清华大学其他院系的综合优势，开展生态恢复、植被恢复等风景园林植物相关的多尺度的、更为广泛和深入的研究。

李树华　赵亚洲

1.朱钧珍先生提供的纸质资料，其中有造园组课程列表。

5.2 植物景观规划设计

5.2.1 清华大学百年校庆世纪林设计

项目面积：0.52公顷
建成时间：2011年4月
设计人员：李树华、刘剑、邵宗博、黄越、赵亚洲

世纪林建于2011年清华大学百年校庆之际，为大学校长全球峰会暨环太平洋大学联盟第15届校长年会的植树活动专用场地。世纪林的规划设计兼顾校庆景观和纪念活动的特点，将清华文化、节日气氛、种植流程融入设计细节，充分考虑其与清华整体景观氛围的协调和师生日常休闲空间的人性化需求，力求营造绿树成荫，草坡连绵的校园环境。世纪林方案设计充分考虑了清华校园东部缺少宜人休憩绿地的现状，结合游泳馆、球类馆、篮球场、东操场的交通需求，合理设置入口和组织空间；考虑与北部在建绿地在地形、功能上的衔接和互补；方案需要考虑地下管线的走向，将铺装场地和种植区域、大树点位和管线的实际分布紧密结合。

世纪林方案设计定位为：作为献给百年校庆的礼物，设计为可实施性的景观；作为留给下个百年的遗产，设计为可持续性的景观；作为传承百年文脉的风景，设计为文化厚重的景观；作为营造师生休闲的空间，设计为空间丰富的景观。

世纪林方案设计以地形为载体，寓意厚重百年；以植物为精神，寓意生生不息；以铺装为脉络，寓意枝繁叶茂。年轮为树木的生命印记，以年轮为设计语言，将清华百年的厚重历史融入参天大树的郁郁葱葱。冰裂纹铺装园路连接年轮广场、休憩空间，树枝状园路象征源远流长。

建成照片——世纪林入口

5.2.2 《中国园林植物景观艺术》

作　　者：朱钧珍
出 版 社：中国建筑工业出版社
出版时间：2003年7月

　　本书以朱钧珍先生早年所做的课题"杭州园林植物配置"的研究成果为基础，深入挖掘和探讨了独具传统文化特色的中国园林植物景观艺术。书中主要阐述了以下几个方面的内容：园林植物风格的形成、中国传统园林植物景观、中国寺观园林植物景观、园林植物空间景观、园林植物水体景观、园林植物道路景观、园林建筑小品的植物景观、绿色造景艺术、大自然的植物景观。

5.2.3 《园林植物景观营造手册》

作　　者：（日）中岛宏
译　　者：李树华
出 版 社：中国建筑工业出版社
出版时间：2012年5月

　　本书是一部关于园林植物景观营造方面的应用手册。作者为日本非常权威的专业人士中岛宏，作者从事园林绿化工作40余年，本书是作者工作经验的全面总结，在日本受到了造园专家、建筑师、土木工程师等多方的好评。书中包含了园林植物景观最新技法、作者常年经验总结，以及前人实践技法等丰富的内容，涵盖了种植基盘、种植规划、种植设计、种植施工、种植管理、施工实例等方方面面的内容，全面而系统，具有很强的实践指导作用。

5.2.4 《园林种植设计学——理论篇》

作　　者：李树华
出 版 社：中国农业出版社
出版时间：2010年4月

　　本书以"达到系统性、科学性、艺术性、实用性相结合"为目标，重点阐述园林种植设计的历史与发展，园林植物的分类、分布、选择、文化要素、自然要素，园林种植设计的生态学原理与手法，园林植物设计的艺术原理，园林种植设计的位置关系、平面构成与空间构成，园林种植设计的形式，园林植物与其他园林要素的配置，园林种植设计的程序和表现等内容。

5.3 城市绿地生态效益与功能

5.3.1 城市带状绿地生态环境效益的定量研究

项目来源：国家自然科学基金委
项目编号：30972416
起止年月：2010年1月~2012年12月
主 持 人：李树华
参与人员：常青、朱春阳、纪鹏、杨元朝、张文秀

该项目对北京城市带状绿地从宽度、内部构成、郁闭度及环境类型与生态环境效益关系的角度进行了系统研究。利用小尺度定量测定的方法，对不同宽度、不同内部构成、不同郁闭度、不同环境类型带状绿地的温度、相对湿度、负离子浓度以及含菌量因子进行定量分析，旨在探明带状绿地的宽度、内部构成、郁闭度以及环境类型与生态环境效益之间关系的基础上，建立城市带状绿地评价指标体系。研究结果如下：

1. 城市带状绿地宽度与生态环境效益间的关系

（1）城市带状绿地宽度与温湿度间的关系：可以明显发挥温湿效益的关键宽度为34米左右(绿化覆盖率约80%)（$P<0.05$）；显著发挥温湿效益的关键宽度为42米左右(绿化覆盖率约80%)（$P<0.05$）；通过温湿效益明显的夏季数据分析得出绿地对旁侧人行道的降温增湿效应存在一定影响，但由于其受周边环境影响较大，规律不明显。

（2）城市带状绿地宽度与空气负离子浓度间的关系：可以显著发挥负离子浓度效应的绿地宽度关键宽度为42米左右(绿化覆盖率约80%)（$P<0.05$）；夏季负离子浓度效应随绿地宽度增加而逐渐增大。

（3）城市带状绿地宽度与空气含菌量间的关系：可以显著发挥抑菌效应的绿地宽度关键宽度为34米左右(绿化覆盖率约80%)（$P<0.05$）。

2. 城市带状绿地内部环境类型与生态环境效益间的关系

在宽度相同、郁闭度相似条件下，内部含河流的城市带状绿地降温增湿效益明显优于纯绿地及内部含相同宽度道路的带状绿地（$P<0.05$）。

3. 城市带状绿地内部构成与生态环境效益间的关系

（1）城市带状绿地内部构成与温湿度间的关系：乔—草和乔—灌—草绿地的温湿效益尤为显著（$P<0.05$）。

论文：

1.纪鹏，朱春阳，李树华.夏季城市河流宽度对绿地温湿效益的影响[J].应用生态学报，2012，23(3): 679-684.

2.纪鹏，朱春阳，李树华.河流廊道绿带结构温湿效应研究[J].林业科学，2012，48(3):58-65.

3.纪鹏，朱春阳，李树华.城市沿河不同垂直结构绿带四季温湿效应的研究[J].草地学报，2012，20(3):456-463.

4.朱春阳，李树华，李晓艳.城市带状绿地郁闭度对空气负离子浓度、含菌量的影响[J].中国园林，2012，28（9）:72-77.

5.纪鹏，朱春阳，高玉福，李树华.河流廊道绿带宽度对温湿效益的影响[J].中国园林，2012，28（5）:109-112.

6.高玉福，李树华，朱春阳.城市带状绿地林型与温湿效益的关系[J].中国园林，2012，28（1）：94-97.

7.朱春阳，李树华，李晓艳.城市带状绿地空气负离子水平及其影响因子研究[J].城市环境与城市生态，2012，25(2):34-37.

8.朱春阳，李树华.城市带状绿地综合评价指标研究.中国风景园林学会2011年会.中国江苏南京.2011：724-733.

9.朱春阳，李树华，纪鹏，任斌斌，李晓艳.城市带状绿地宽度与温湿效益的关系[J].生态学报，2011，31(2):0383-0394.

10.朱春阳，李树华，纪鹏.城市带状绿地结构类型与温湿效应的关系[J].应用生态学报.2011，22(5):1255-1260.

11.朱春阳，李树华，纪鹏，高玉福.城市带状绿地宽度对空气质量的影响[J].中国园林，2010，26 (12):20-24.

12.Zhu C.Y., Li S H, Ren B.B., Effects of urban green belts on the temperature, humidity and inhibiting bacteria.都市における生物多様性とデザイン.2010.

（2）城市带状绿地内部构成与空气负离子浓度间的关系：乔—草和乔—灌—草绿地的空气负离子效应尤为显著（P<0.05）。

（3）城市带状绿地内部构成与空气含菌量间的关系：乔—草绿地的抑菌功能尤为显著（P<0.05）。

4. 城市带状绿地郁闭度与生态环境效益间的关系

（1）城市带状绿地郁闭度与温湿度间的关系：当郁闭度超过0.44时，绿地温湿效益明显（P<0.05）；当郁闭度超过0.67时，绿地温湿效益显著且趋于稳定（P<0.05）。

（2）城市带状绿地郁闭度与空气负离子浓度间的关系：当郁闭度超过0.44时，绿地空气负离子效应显著且趋于稳定（P<0.05）。

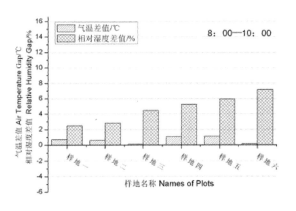

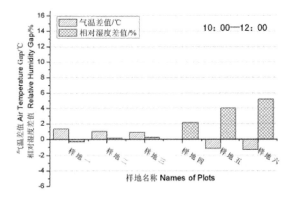

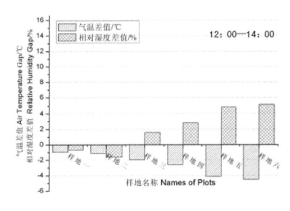

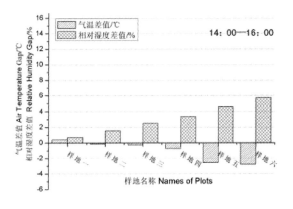

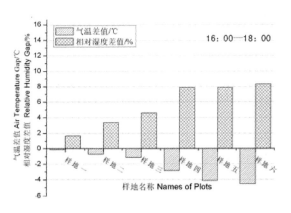

不同时段绿地内外温、湿度平均值差异比较

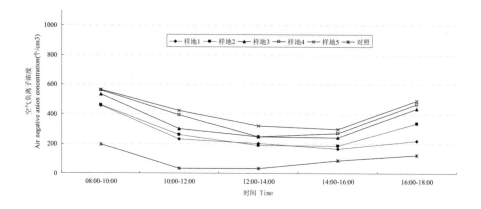

不同样地及对照 1 天 5 个时段负离子浓度变化

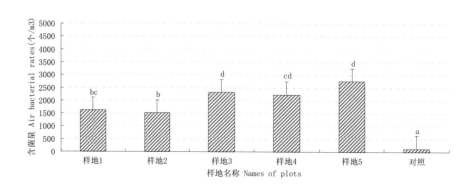

不同样地及对照 3 天平均空气含菌量比较

调研照片——乔草结构植物群落

调研照片——内部含道路植物群落

5.3.2 城市绿岛动植物多样性分布特征研究

项目来源：国家自然科学基金委
项目编号：31170659
起止年月：2012年1月～2015年12月
主 持 人：李树华
参与人员：赵亚洲、黄越、刘博新、龙璇、梁大庆、刘化楠

该项目以北京城市绿岛为研究对象，探讨城市绿岛的面积、位置、形状、内部构成对动植物多样性的影响，分析植物多样性与动物多样性的关系。在此基础上，得出能够达到动植物多样性稳定的城市绿岛最小面积；揭示城市化进程对城市绿岛动植物物种组成及多样性的影响规律；分析不同形状绿岛中动植物多样性的差异；总结不同生境对动植物物种组成及多样性的影响。基于上述研究，探明城市绿岛动植物多样性的分布特征。目前阶段性研究成果如下：

（1）植物多样性田野调查和种类鉴定

植物多样性田野调查于2012年4月～8月进行，采用样方法。植物种类鉴定工作包括现场鉴定和查阅植物志两部分，后者在同年11月～12月完成，共调查鉴定得木本植物197种（含亚种及栽培变种），草本植物229种（含亚种及栽培变种）。

（2）昆虫多样性田野调查和鉴定

昆虫多样性田野调查于2012年7月进行，共进行3轮。采用扫网法，捕获昆虫标本，并采用70%浓度酒精保存或干燥保存，于8月和9月进行昆虫种类鉴定，共调查鉴定得312种（昆虫）昆虫。

（3）鸟类多样性田野调查和鉴定

鸟类多样性田野调查于2012年5月～11月进行，共进行5轮。采用样线法，并对种类进行现场鉴定，对于部分存在疑问的种类拍摄照片后对照《中国鸟类野外手册》等图鉴进行鉴定，共调查鉴定得126种鸟类。

论文：
黄越，李树华.城市野生动物生境营造理论与实践.快速城市化过程中的新城与建筑-2011全国博士生学术论坛（建筑.规划.风景园林）论文集[C].北京：中国建筑工业出版社，2012；286-290.

植物调查记录表

技术路线图

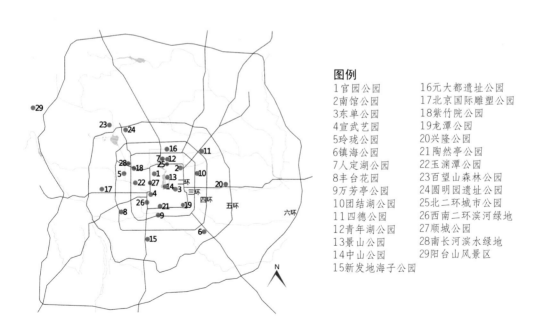

图例

1 官园公园
2 南馆公园
3 东单公园
4 宣武艺园
5 玲珑公园
6 镇海公园
7 人定湖公园
8 丰台花园
9 万芳亭公园
10 团结湖公园
11 四德公园
12 青年湖公园
13 景山公园
14 中山公园
15 新发地海子公园

16 元大都遗址公园
17 北京国际雕塑公园
18 紫竹院公园
19 龙潭公园
20 兴隆公园
21 陶然亭公园
22 玉渊潭公园
23 百望山森林公园
24 圆明园遗址公园
25 北二环城市公园
26 西南二环滨河绿地
27 顺城公园
28 南长河滨水绿地
29 阳台山风景区

2012年度田野调查城市绿岛分布图

5.3.3 基于GIS-空间格局分析的城市绿地植被负氧离子功能研究

项目来源：中国博士后科学基金会
项目编号：2012M520284
起止年月：2011年9月～2013年9月
主 持 人：潘剑彬
参与人员：赵亚洲、黄越、刘博新、龙璇、梁大庆、刘化楠

本研究关注绿地植物在与人体最为接近的尺度——植物群落尺度以负氧离子为参数的微环境条件改善功能及以人体舒适度为指数的局地热环境改善功能。研究以北京8处城市公园绿地为研究对象，通过在公园绿地内外选定样点和对比样点，并依据典型性原则在绿地区域设置子样点。试验于植被生长季节对绿地样点区域的负氧离子浓度和空气温湿度进行实测，并以空间插值法对子样点区域的相关数据进行赋值，目的是将绿地区域内的离散数据转换为连续数据，结合绿地植物TM影像解译和实地调研数据建立负氧离子—植物信息及舒适度指数（空气温湿度）—植物信息矢量化数据，以空间自相关分析法探讨绿地植物群落与其热环境改善功能的时空格局特征。

结果表明：

（1）城市公园绿地负氧离子浓度局部空间自相关分析结果表明：整个绿地样点的负氧离子浓度的空间关联性不显著，而空间异质性及局地空间关联性显著，源于不同三维绿量的植物群落分布的空间差异；负氧离子浓度的空间分布在绿地内表现为在原洼里公园绿地保留植被区域和大型面状水体区域空间集聚特征明显。

（2）高浓度的负氧离子有益于人体健康，建议公园管理部门在绿地负氧离子局部空间自相关分析结果的基础上，综合运用规划和建设手段加强对绿地内负氧离子浓度区域的调控，尤其是加强高负氧离子浓度区域向现有的几个分布中心集聚，并使其在全园内均衡布置，在各方向均具有较高的可达性；再者就是将负氧离子的空间分布与构成绿地游憩系统的广场、园路相结合，使负氧离子能够真正地服务于绿地游人，以充分提高城市绿地的综合利用效益。

（3）经典线性回归模型的残差分析呈正相关，表明经典线性回归模型未能考虑负氧离子分布的空间自相关性影响，不能很好地解释负氧离子分布所存在的空间模式。采用相同的数据分析负氧离子空间变化影响因素，空间自回归模型由于考虑了空间自相关因素，模型拟合度和模型的解释能力要优于经典线性回归模型，但是其自变量的显著水平比经典线性回归模型低。因此，在经典回归模型残差显著的情况下建议采用空间统计模型分析负氧离子的空间分布模式。

城市绿地负氧离子标准值与群落郁闭度、叶面积指数相关分析

系数	负氧离子与群落郁闭度	负氧离子与群落叶面积指数
R	0.531*	0.078
T	0.399	0.043
P	0.642**	0.16

绿地空间负氧离子浓度经典回归模型分析结果

变量	相关系数	t值	P值
常数	836.91	38.34	0
Dist-1	-20.89	-5.41	0
Dist-2	-35.91	-3.6	0
Dist-3	-12.53	-2.44	0.01
Dist-4	-4.82	-2.26	0.01
R2	0.58		
LIK	-3325.76		

绿地空间负氧离子浓度空间自回归模型分析结果

变量	相关系数	Z值	P值
常数	786.32	35.43	0
ρ	0.753	35.86	0
Dist-1	-21.02	-5.28	0
Dist-2	-35.98	-3.51	0
Dist-3	-13.01	-2.36	0.02
Dist-4	-3.85	-2.01	0.04
R2	0.64		
LIK	-3195.37		

城市绿地负氧离子标准值 Moran 散点图

绿地负氧离子浓度两种回归模型的空间自相关图

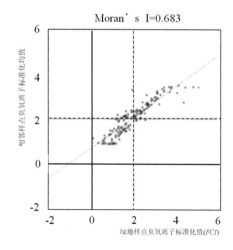

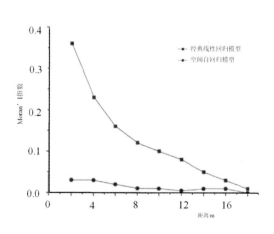

城市绿地负氧离子标准值 LISA 聚类图

5.3.4 城市绿地内部构成对
动植物多样性分布特征的影响

项目来源：中国博士后科学基金会
项目编号：2013M530631
起止年月：2013年6月~2014年9月
主 持 人：赵亚洲

该项目以内部构成不同的城市绿地为研究对象，选择微生境不同、植物群落结构不同、植物种类组成不同的城市绿地，调查分析绿地内植物、动物（昆虫、鸟类）的物种组成及多样性，分析不同生境绿地的动植物多样性的差异；不同植物种类组成对动物分布特征的影响；不同植物群落结构绿地的动物（昆虫、鸟类）的差异，及植物群落结构、植物多样性与动物多样性的关系。

项目处于启动阶段，尚无研究成果。

■ 5.3.5 《防灾避险型城市绿地规划设计》

作　　者：李树华
出 版 社：中国建筑工业出版社
出版时间：2010年3月

　　《防灾避险型城市绿地规划设计》一书理论与实践并重，从防灾避险绿地空间规划设计角度为城市人居环境安全提出建设性的思路和建议。理论方面，主要阐述了城市绿地防灾避险思想的历史发展、城市灾害种类与造成的危害、城市绿地的防灾避险功能、防灾避险型城市绿地系统规划、防灾避险型城市绿地规划设计、防灾避险型城市绿地设施、防灾避险型城市绿地植物配置手法、防灾避险型城市绿地运营管理、防灾避险型城市绿地安全评价等城市防灾避险型绿地规划设计的理论、方法、技术及运营管理。实践方面，主要以日本关东大地震、阪神淡路大地震、中越大地震，唐山大地震，台湾地区集集大地震为实际案例阐述震后城乡重建、城市应急避难空间规划和城市绿地防灾避险建设等方面的思路、过程和方法。以北京市应急避难场所建设和汶川大地震震后重建思路为实际案例，阐述如何在城市建设中未雨绸缪，进行应急避难空间规划和设计。

　　该书于2012年获住房与城乡建设部颁发的"中国城市规划设计研究院CAUPD杯"华夏建设科学技术奖三等奖。

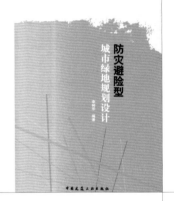

5.4 康复景观基础理论及规划设计手法

■ 《园艺疗法概论》

作　　者：李树华
出 版 社：中国林业出版社
出版时间：2011年8月

　　园艺疗法作为一种新型的医疗方法，在我国不仅具有深厚的文化基础，而且具有广阔的应用与发展前景。《园艺疗法概论》一书在系统介绍园艺疗法相关理论及概述、园艺疗法的历史与现状、园艺疗法的理论基础、园艺疗法的功效与特征、园艺疗法的适用对象、园艺疗法的构造要素与实施场所、园艺疗法实施程序设计、实施过程与评价、园艺疗法教育与科学研究的基础上，还介绍了园艺植物与绿地的保健功能，园艺疗法师资格认证制度与就业，园艺疗法专类园规划设计。

6 风景园林技术科学

6.1 综 述

历史概述

对技术的重视是清华风景园林的传统，这一传统以清华大学悠久的技术传统为依托，在清华大学营建系造园组开创时期就已经形成。在此基础上，清华大学建筑学院景观学系成立后，逐渐发展形成系统更为独立、专业特点更为突出的景观技术体系。

在1951年清华大学营建系造园组的课程中已经包括了"造园工程"、"测量学"等技术课程。当时在自身师资条件不足的情况下，造园组特地聘请清华土木工程系的教师授课。除此以外，当时学生还可以学习"营造学"等建筑技术课程。1951年造园组致力于培养综合性的技术人才，即"能动手也能动脑，由设计到施工，到养护管理，全能的，相当于总工程师的人才。"[1] 这为清华风景园林的技术传统打下基础。

清华大学建筑学院景观学系在筹备时期对课程体系进行规划时，不仅依然高度重视技术方面的教学，而且努力探索符合风景园林专业自身特点的技术课程体系。在与建筑技术、工程技术、规划技术进行比较之后，劳瑞·欧林在课程体系建议[2]中提出风景园林师的技术培养应该包括关于道路、构筑物、小型建筑和桥梁、水电、坝渠等技术知识的培训以及材料特性的掌握。在课程体系建议中，劳瑞·欧林还强调了自然科学知识教学的重要性，并建议开设地理信息系统课程。

在此方针下，2003年景观学系成立，并聘请罗·亨德森和胡洁共同开设了"景观技术：竖向和道路"课程。同时由党安荣教授开设"景观地学基础"和"遥感及地理信息系统技术"课程，并开展基于空间信息技术的景观规划设计探索。以此为基础，清华风景园林在教学、科研上不断发展，并与工程项目相结合，向可持续性技术拓展，逐渐形成了现有的风景园林技术体系。

景观技术课程教学

2003年清华大学建筑学院景观学系成立后，高度重视景观技术方向的教学与科研，形成以专业技能训练为基础的技术教学体系和以空间信息技术应用为特点的科研体系，并在可持续性景观技术方面不断拓展，实现了产学研相结合的发展。

在"景观技术：竖向和道路"的技术课程教学方面，主要面向建筑学院研究生，培养学生掌握风景园林竖向设计的基本技能，以及技术思考和技术操作相结合的能力，特别突出体验与实践。该课程的课堂讲授内容以场地竖向设计为重点。课外作业通过素材速写培养学生从建造技术的角度观察环境，理解设计，发现问题，积累素材；通过模型制作对经典设计案例进行剖析与复原，体会竖向设计过程；通过课程设计训练，应用理论学习成果，从地形、道路、广场、栏杆、扶手等元素入手，完成具体的场地竖向设计；通过场地测绘训练，熟悉测绘技术，感受设计成果的实际空间体验。

在"景观地学基础"的技术课程教学方面，主要着眼于构成景观的地质、地貌及土壤等自然要素，通过课堂教学及野外实践两个方面，培养学生自觉认识景观的地质、地貌、土壤等地学基础特征，以便在尊重景观自然基底的前提下开展规划设计，争取做到"设计结合自然"。在"遥感与地理信息系统技术"的技术课程教学中，一方面要求学生基本掌握遥感与地理信息系统技术的基本原理与基本方法，另一方面更加关注遥感与地理信息系统技术在景观规划设计中的应用，包括数据分析、方案评价与决策支持等。

景观规划设计的空间信息技术应用

在开展景观技术教学的同时，以党安荣教授为代表的技术团队，将空间信息技术（Geo-Information Technology，GIT）与景观规划设计相结合，推动了空间信息技术的景观规划设计应用发展。空间信息技术是20世纪60年代以来迅速发展起来的以获取、管理、处理、分析、表达与地理位置相关的空间信息为主体的信息技术的总称，具体包括遥感（Remote Sensing,RS），全球导航卫星系统（Global Navigation Satellite System,GNSS）、地理信息系统（Geographic Information System,GIS）、虚拟现实（Virtual Reality,VR）等技术。

景观规划设计的空间信息技术应用大致经历了概念探讨阶段（1995年之前），应用探索阶段（1996~2000年），深入应用阶段（2001~2005年），数字景观规划设计阶段（2006~2010年），智慧景观规划设计阶段（2011年以来）。

1995年之前的概念探讨阶段，可以查阅到的与景观规划设计相关的空间信息技术应用的文献非常有限，而且这些有限的文献基本上是在探讨概念，涉及景观设计、景观规划、景观生态等领域。1996~2000年的应用探索阶段，开展了一些探索性的GIS及RS在景观规划设计领域的应用分析与研究。其中，党安荣与杨锐等（1999）将RS与GIS集成应用于泰山风景名胜区总体规划的数据分析，在开展数据分析的同时进行技术方法的探索。

2001~2005年的深入应用阶段在应用探索的基础上拓展了应用的深度与广度，发表的文献数量增加、应用的专题领域拓宽，大量的空间定量化分析支撑景观规划设计研究。其中，党安荣与杨锐等（2002）将RS、GIS与GNSS集成应用于梅里雪山风景名胜区总体规划编制、并研发了管理信息系统满足景区规划管理需求。在深入应用阶段（2001~2005年），空间信息技术的集成应用出现了飞跃发展：这就是数字地球（Digital Earth）概念的提出及数字城市（Digital City）与数字景区（Digital National Park）的规划建设。国际上在数字地球概念框架下诞生了GoogleEarth与GoogleMap，国内则在科技部、建设部等部门的倡导下，先后诞生了数字北京、数字上海、数字广州等数字城市，以及数字黄山、数字九寨沟、数字普陀山等数字景区。以上背景的变化，推动空间信

息系统在景观规划设计应用方面进入数字景观规划设计阶段（2006~2010年）。在此期间，党安荣与杨锐等（2005）发表了数字风景名胜区总体框架研究成果。

随着空间信息技术及其应用的发展，数字地球、数字城市、数字景区规划与发展取得了丰硕的成果；与此同时，诸如物联网、云计算、无线通信、移动终端等相关新技术层出不穷，从而在2008年诞生了智慧地球（Smart Earth）的概念，随后进一步诞生了智慧城市（Smart City）、智慧景区（Smart National Park）、智慧旅游（Smart Tourism）等一系列相关的概念，推动空间信息技术在景观规划设计中的应用继续向前发展。伴随从数字城市到智慧城市、从数字景区到智慧景区发展的步伐，数字景观规划设计也正在步入智慧景观规划设计阶段，主要体现在景观规划设计数据的实时获取、实时传输、实时分析、方案对比、评价决策等各个方面。显然，智慧景观规划设计工作的开展离不开智慧城市及智慧景区的规划与建设。在此阶段中，党安荣等完成智慧景区的内涵与总体框架研究（2011），以及智慧城市的总体框架探索（2012），为智慧景观规划设计这一新型技术应用的内涵、内容、技术、方法等的探索做出了贡献。

以工程项目为依托的技术研究

除上述教学与科研的成果外，清华风景园林还积极通过工程项目开展相关技术的研究。这些技术涉及测绘技术、可持续性景观技术等方面。

从历史上看，风景园林师的作用是有限的，特别是在大型、复杂的开发项目中。风景园林的实践领域已从古代设计私家园林，转变为现代公共开放空间的规划设计。风景园林的专业领域处于建筑学、工程学、城市规划、城市设计等学科的交叉范围，在实践中涉及的范围也在不断地拓展。传统上，为了满足不断增长的人口需求，土木、市政工程师主导了环境设计，大量的自然功能被人造物所取代。但传统的雨洪处理设施、污水处理设施及其他基础设施，往往缺乏美观性、昂贵、

环境影响不佳，并常需要频繁的维护。随着20世纪70年代以来人们环境保护意识的不断提升，风景园林越来越关注水的高效利用、蓄水层的补充等问题，逐渐接受和运用土壤学、水文学、水土保持学的知识和理念，重视可持续性植物景观和野生动物栖息地的营造。风景园林师已经开始尝试收集和分析不同尺度场地的各类数据，来支撑使用更加生态的、系统的规划设计方法。现在，人工环境和自然环境之间的关系正变得越来越复杂，风景园林师在前期开发和生态修复项目中正逐渐发挥主导作用，以期在发展的需求和自然保护之间取得平衡，实现可持续发展。

基于以上认识，以胡洁教授为主的技术团队通过大型工程项目开展多学科相结合的综合研究。在唐山南湖生态城核心区综合规划设计项目中，为了获取充分的数据，支持空间信息技术在景观规划设计项目中的应用，针对场地测绘方法进行了大量的探索和实践。通过多个工程项目的实验，他们总结了不同尺度条件下应用全站仪、GPS、无人航模飞机，遥感数据以及三维激光扫描仪和摄影测量技术等进行场地测绘的经验。基于相关技术的积累，胡洁教授承担了故宫乾隆花园假山石测绘专题研究，为中国皇家园林遗产的保护做出了新的贡献。

在杨锐教授团队大量规划实践的基础上，为使在城市中广泛应用的信息技术在乡村地区得到推广，在"乡村生态旅游景观的三维实时仿真技术研究开发"课题中，针对乡村景观环境与旅游资源，建立了一套多功能的三维仿真系统，为乡村生态旅游规划、管理、服务提供信息技术平台，为规划人员、管理者、旅游者提供了三位一体的实时应用平台。

在奥林匹克森林公园规划设计成果的基础上，该团队与环境科学技术团队合作分别开展了2007国家科技支撑计划课题"奥林匹克森林公园生活排污源分离及资源化利用关键技术研究与示范"和2007北京市科技计划课题"奥林匹克森林公园建筑废弃物处理及资源化利用"的研究。课题首次结合人员流量特征研究及分析奥林匹克森林公园建筑废物源的形成及组成；在大型公园范围内大规模采用重力流源分离洁具进行建筑排污结合园内园林养护需求的资源化应用循环体系；并在公园内构建黄水专项收集、储运及资源化利用系统；对大规模采用重力流源分离源分离后的黑水成分、污染特征和多项处理技术的处理效率及经济效果进行分析与评价。

展望与发展

在清华风景园林的学科体系中，风景园林技术作为重要支撑板块，将继续开展并加强以场地竖向设计为主的风景园林专业技术教学和基于空间信息技术的风景园林规划设计应用研究，并结合大型工程项目开展以问题为导向的多学科综合性的技术研究。此外，在现有的教学与科研基础上，还将拓展专业技术教学的内容，强化专业技术的标准化与规范性；编著专业教材，提高教学内容的理论性与系统性；发展实习基地和研究基地，促进理论与实践在教学与科研中的进一步结合。

党安荣　　胡　洁
王　鹏　　郭　湧

1.陈有民先生在"1951'造园组'师生座谈会"上的发言

2. "LANDSCAPE ARCHITECTURE MLA Program: Proposed Curriculum & Course Outline for Masters Degree in Landscape Architecture for students with prior professional degree in Architecture or Landscape Architecture" by Olin

6.2 景观规划设计的空间信息技术应用

6.2.1 智慧黄山景区总体规划

项目来源：黄山风景区管理委员会
项目编号：041505073
起止年月：2010年6月～2011年6月
主 持 人：党安荣
参与人员：党安荣、朱战强、彭霞、张丹明、陈杨、张艳、郑光霞、黄天航

《智慧黄山景区总体规划（2011-2015）》（《黄山风景名胜区数字化建设总体规划修编（2011-2015）》）是根据黄山风景名胜区信息化发展的需要，在《黄山风景区数字化建设总体规划（2005-2010）》实施的基础上编制的，主要内容涵盖五个方面：一是智慧景区发展背景与需求分析，二是智慧黄山景区总体框架规划，三是基础平台规划（信息感知与传输平台、数据管理与分析平台、信息共享与服务平台），四是应用系统规划（资源与环境保护系统、业务管理与服务系统、旅游经营与服务系统、安全管理与防范系统、决策支持与服务系统），五是保障体系规划（标准规范体系、安全保障体系、实施保障体系）。

《智慧黄山景区总体规划（2011-2015）》的特点表现在：（1）背景分析准确，从风景名胜区数字化发展趋势、建设进展、面临的挑战与机遇等几方面分析；（2）需求分析全面，从黄山风景区数字化规划的实施状况及面临的问题、"十二五"规划、景区总体规划及业务管理等多角度分析；（3）总体框架科学，构建了"智慧黄山景区"总体框架，包括一个中心、三大平台、五类系统、七项保障；（4）规划目标明确、规划内容全面、技术路线合理、技术方案先进；（5）保障措施具体、实施方案可行。

2011年6月17日，中国风景名胜区协会组织专家评审通过《智慧黄山景区总体规划》，专家认为该规划具有明显的创新性，对于黄山风景区未来数字化建设与发展、提高景区精细化管理和服务水平、构建"低碳景区"，具有非常重要的战略意义和指导价值，并对全国风景区数字化建设具有重要的示范意义和引领作用。规划评审之后，黄山分景区管委会已经投入1800万开展智慧黄山景区建设，实现从"数字黄山景区"向"智慧黄山景区"的提升与发展，使得"智慧黄山景区"建设初具规模，在已经构建信息基础设施、数据基础设施及共享平台的基础上，正在建设典型应用系统，两年来已经创造1548万元新增利税和77.4万元的新增税收。两年来，黄山风景区管委会已经接待各类学习考察智慧黄山建设的团体200余次，成为推动国家智慧景区建设的优秀示范点。

论文：
1. 党安荣，张丹明，陈杨. 智慧景区的内涵与总体框架研究[J]. 中国园林，2011（9）：15-21.
2. 彭霞，朱战强，张艳. 智慧黄山景区决策支持系统研究[J]. 中国园林，2011(9)：36-39.

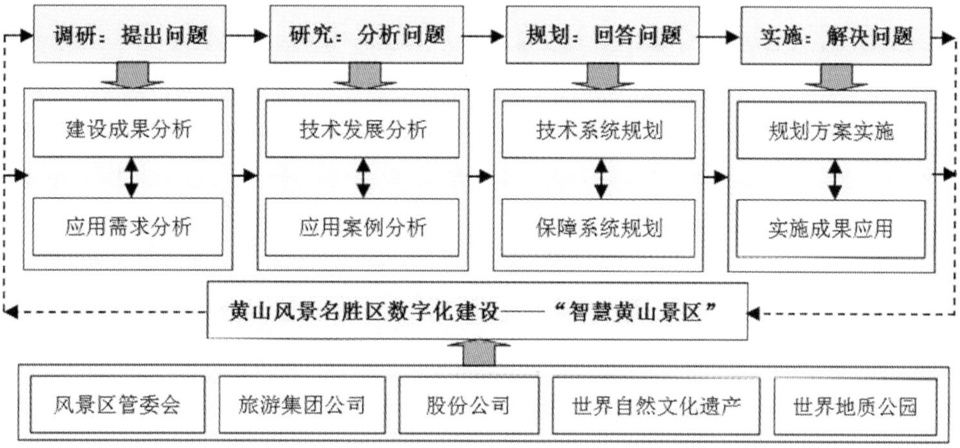
调研：提出问题
研究：分析问题
规划：回答问题
实施：解决问题
建设成果分析
应用需求分析
技术发展分析
应用案例分析
技术系统规划
保障系统规划
规划方案实施
实施成果应用
黄山风景名胜区数字化建设——“智慧黄山景区”
风景区管委会
旅游集团公司
股份公司
世界自然文化遗产
世界地质公园

总体规划技术路线图

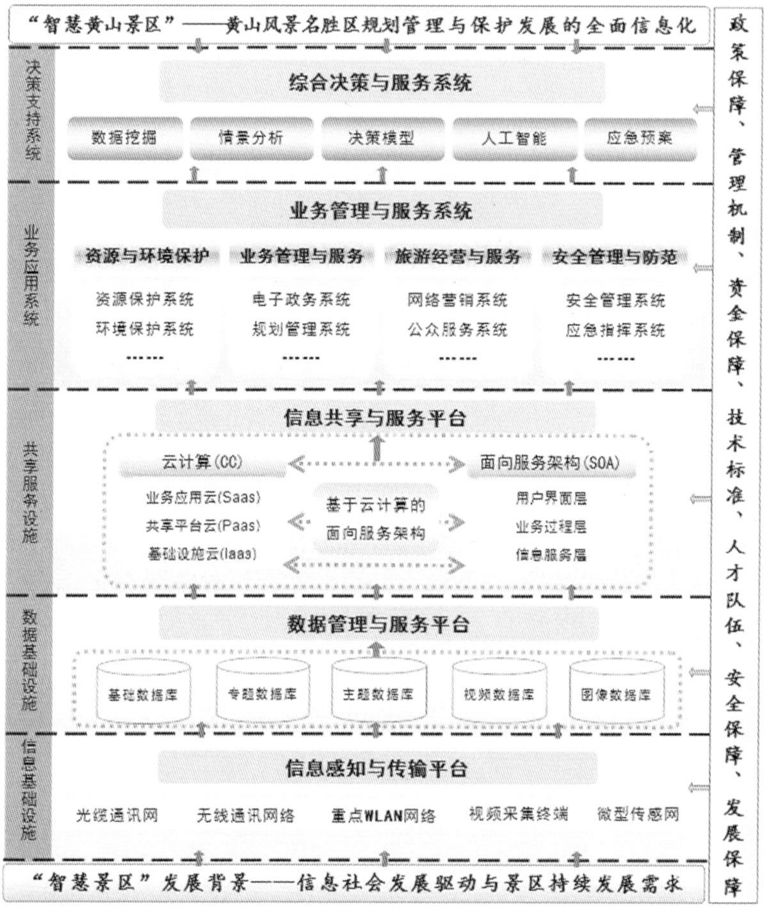
“智慧黄山景区”——黄山风景名胜区规划管理与保护发展的全面信息化
决策支持系统
综合决策与服务系统
数据挖掘
情景分析
决策模型
人工智能
应急预案
业务应用系统
业务管理与服务系统
资源与环境保护
业务管理与服务
旅游经营与服务
安全管理与防范
资源保护系统
环境保护系统
电子政务系统
规划管理系统
网络营销系统
公众服务系统
安全管理系统
应急指挥系统
共享服务设施
信息共享与服务平台
云计算(CC)
面向服务架构(SOA)
业务应用云(Saas)
共享平台云(Paas)
基础设施云(Iaas)
基于云计算的
面向服务架构
用户界面层
业务过程层
信息服务层
数据基础设施
数据管理与服务平台
基础数据库
专题数据库
主题数据库
视频数据库
图像数据库
信息基础设施
信息感知与传输平台
光缆通讯网
无线通讯网络
重点WLAN网络
视频采集终端
微型传感网
“智慧景区”发展背景——信息社会发展驱动与景区持续发展需求
政策保障、管理机制、资金保障、技术标准、人才队伍、安全保障、发展保障

总体框架与建设内容示意图

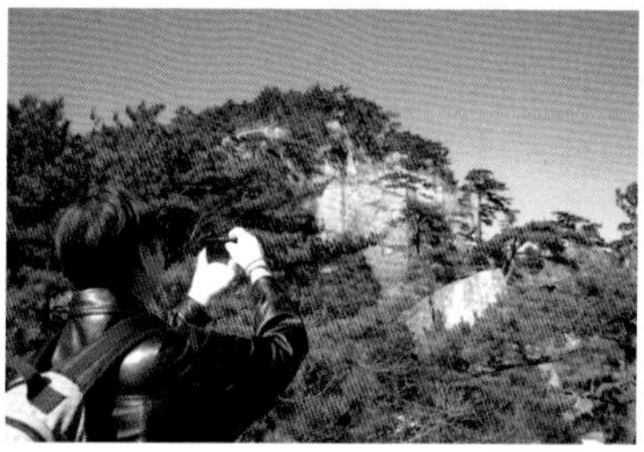

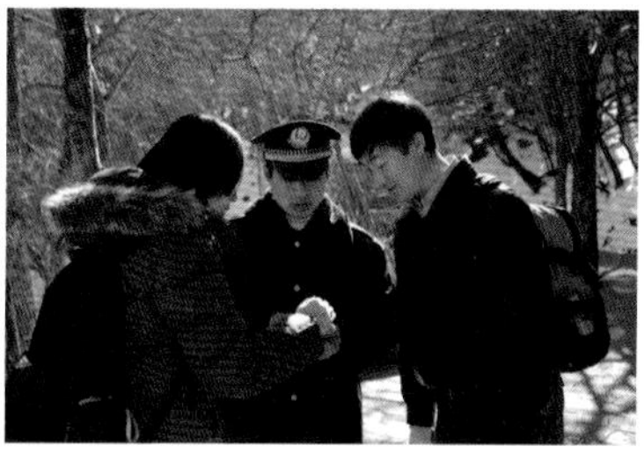

现场调研照片

6.2.2 智慧颐和园总体规划

项目来源：北京市颐和园管理处
项目编号：041505073
起止年月：2010年10月～2011年8月
主 持 人：党安荣
参与人员：党安荣、李公立、郭浩明、孔宪娟、彭霞、张丹明、黄天航、
陈 杨

《智慧颐和园总体规划（2011-2015）》是根据颐和园世界文化遗产保护与管理信息化发展的需要，结合智慧地球与智慧景区的理念编制的，主要内容涵盖六个方面：一是智慧园区发展背景与需求分析，二是智慧颐和园总体框架规划，三是基础设施规划（包括信息基础设施和数据基础设施两个方面），四是共享服务平台规划（信息共享与服务平台），五是应用系统规划（包括业务管理系统、遗产保护系统、旅游经营系统、公众服务系统、决策支持系统等五类系统），六是保障体系规划（包括安全保障体系和实施保障体系）。

《智慧颐和园总体规划（2011-2015）》的特点概括为：（1）系统的规划需求分析，从颐和园世界文化遗产的特点与价值、遗产保护、业务管理、整体信息化状况及部门信息化状况等多个角度，全面系统地分析了颐和园数字化建设的总体需求与技术需求，并在此基础上确定了智慧颐和园科学的规划目标体系与技术路线。（2）准确的规划背景分析，从智慧园区的内涵、信息社会的发展、旅游产业的发展等几个方面分析了"智慧颐和园"总体规划的背景，准确地把握了"十二五"期间颐和园数字化的总体方向，为确定规划思想、规划原则、规划目标、总体框架等奠定了基础。（3）完整的规划内容体系，首先高瞻远瞩地构建了"智慧颐和园"的总体框架，包括一个中心、三大平台、五大系统、七项保障，然后分别论述了信息基础设施、数据基础设施、信息共享平台、业务管理、遗产保护、旅游经营、公众服务、决策支持、安全体系、实施保障等建设内容，全面系统地规划了"十二五"期间颐和园数字化建设蓝图。（4）集成的高新技术应用，将先进的信息技术，诸如物联网、云计算、数据仓库、面向服务的体系结构（SOA）、无线射频识别技术（RFID）等集成引入"智慧颐和园"规划，这些高新技术的集成应用，能够有效提升颐和园世界文化遗产保护的信息获取、信息处理、信息分析以及决策支持能力。（5）前瞻的未来发展指导，本规划在总体框架、信息基础设施、数据基础设施、共享服务平台、决策支持系统等多个方面，不仅体现出相当的高度与前瞻性，而且符合颐和园数字化发展的现状及需求，具有很好的可操作性，确实能够指导颐和园"十二五"期间的数字化建设。

2011年7月25日，北京市公园管理中心组织专家对《智慧颐和园总体规划》进行了评审，专家认为本规划需求分析系统、背景分析准确、规划目标明确、技术路线合理、总体框架科学、规划内容全面、技术方案先进、保障措施具体、实施方案可行。本规划在"智慧颐和园总体框架、基于物联网的信息基础设施、基于云计算和数据仓库的数据中心、基于SOA的信息共享与服务平台、基于数据挖掘与知识发现的决策支持系统"等五个方面，具有明显的创新性，对于颐和园未来数字化建设与发展、提高公园精细化管理和服务水平，具有非常重要的战略意义和指导价值，并对北京市乃至全国公园数字化建设具有重要的示范意义和引领作用。北京市颐和园管理处从2012年开始，按照"规划"实施智慧颐和园建设，已经完成智慧颐和园信息基础设施升级、智慧颐和园数据基础设施建设，智慧颐和园共享服务平台建设，并在此基础上，研发了面向古建、文物、园林的三个典型应用系统，并正在构建基于物联网的文化遗产监测系统，使得颐和园的信息化工作成为北京市公园管理中心乃至国家文物局的先进典范。

论文：
1.党安荣，李公立，常少辉.基于物联网的智慧颐和园文化遗产监测研究[R].北京：第七届中国智慧城市建设技术研讨会，2012.
2.常少辉，李公立，黄天航.基于物联网的智慧颐和园信息基础设施方案[J].中国园林，2011(9)：22-25.

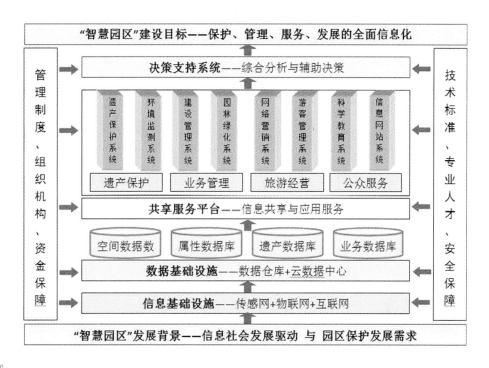

总体框架示意图

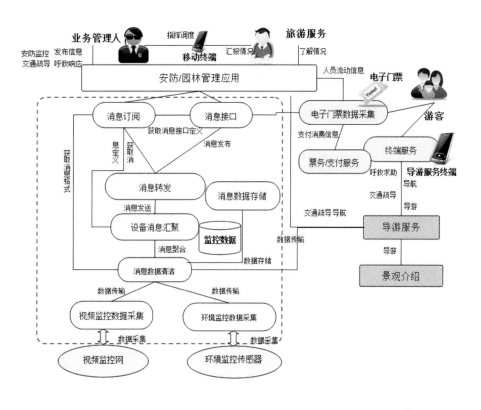

信息基础设施的组织示意图

6.3 以工程项目为依托的技术研究

6.3.1 奥林匹克森林公园生活排污源分离及资源化利用关键技术研究与示范

项目类型：2007年国家科技支撑计划课题
项目来源：中华人民共和国科技部
项目编号：2007BAK12B11
起止年月：2007年1月~2011年7月
主 持 人：田锦秫
参与人员：胡洁、梁斯佳等

本课题是依据《北京城市总体规划（2004－2020）》对北京城市功能的定位以及2008年北京"绿色奥运，人文奥运，科技奥运"的三大理念进行设计的，是建设节约型社会、落实科学发展观的具体体现。课题总目标是通过建筑排出污物的资源化再生利用和系统的节水节能、经济运行，使"三大理念"在实际意义上得以贯彻实施。

课题以奥林匹克森林公园生活排污系统、污水处理系统和绿色垃圾处理中心等建设工程为依托，以保障和支持森林公园节能、降耗、资源利用为需求，开展园区生活排污系统源分离和物质资源化关键技术与集成示范研究，构建污水处理与物质循环利用的新模式，为我国类似园区的建设提供理论依据、实用技术与工程示范。课题的研究成果在经济、社会和环境三个方面均可以获得显著效益，而三个方面的综合效益则可充分体现我国在资源循环利用、环境综合管理、城市水环境保护等方面的实力和地位。

本课题以国际瞩目的奥林匹克森林公园为研究对象，研究成果直接为北京奥林匹克森林公园环境质量保障和景观环境服务。生活污物源分离处理及资源化利用在北京奥林匹克森林公园的整体应用，反映了奥运工程对环保事业的融合与支持。以具体实施行动向世人显示了奥运工程对"三大理念"的贯彻与执行，印证了"三大理念"的现实价值和推广价值。本课题的技术成果、示范工程均可以作为一个展示的平台，向全国乃至世界宣传展示环境保护和可持续发展的理念和成果，提高公众的环保意识，提升我国在相关领域的形象和地位，具有显著的社会效益。

6.3.2 奥林匹克森林公园建筑 废物处理及资源化利用

项目类型：2007年北京市科技计划课题
项目来源：北京市科学技术委员会
起止年月：2007年1月～2008年12月
主 持 人：田锦耜
参与人员：胡洁、梁斯佳等

课题的目的在于利用奥运工程的重要引领和展示作用，对新兴的源分离与生活废物资源化利用等环保理论以实际应用的方式加以宣传和推广。随着课题关于环保和物质循环理念的应用与发展，将对未来人居环境的建设发挥积极而重要的作用。

课题的总体技术路线是通过生活排污源分离系统的构建，使黄水由传统的排污系统中分离、储存运输后，经生化处理形成绿化所需肥料，在园内就地使用，与化粪池污泥和园内绿色垃圾共同实现资源肥化和应用。

本课题研究的源目标对象为2008年前奥林匹克森林公园新建49处各类功能建筑物排放的生活污物，基本为人员的尿、粪便冲洗和洗手保洁排水，部分建筑有餐饮和洗浴废水。研究的产出物接纳目标对象为公园大面积的树林和草地，总面积为456.8公顷，占全园面积的80%。实验目标对象为园区的课题实验林约3～5公顷。

课题创新性具体体现在以下几个方面：（1）首次结合人员流量特征研究及分析奥林匹克森林公园建筑废物源的形成及组成；（2）首次在大型公园内大规模采用重力流源分离洁具进行建筑排污结合园内园林养护需求的资源化应用循环体系；（3）首次在公园内构建黄水专项收集、储运及资源化利用系统；（4）首次对大规模采用重力流源分离后的黑水成分、污染特征和多项处理技术的处理效率及经济效果进行分析与评价；（5）针对奥林匹克森林公园土壤客土较多的特点，研发基于就地景观施肥要求的再生有机肥综合利用方案。

获奖：
2009年3月获北京市人民政府颁发的"北京市奥运科技创新特别奖"

土壤采样工作照

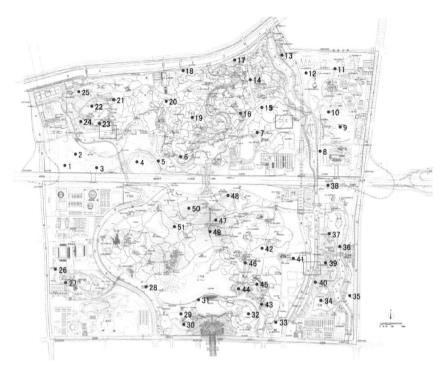

土壤理化检测点位分布图

种植实验对比图

6.3.3 乡村生态旅游景观的三维实时仿真技术研究开发

项目来源：国家"十一五"科技支撑项目
项目编号：2006BAJ07B05-3
起止年月：2008年1月～2010年12月
主持人：杨锐
项目负责人：邬东璠、党安荣
参与人员：庄优波、朱战强、林广思、程冠华、黄天航、王应临、
　　　　　赵智聪、贾崇俊、赵静、薛飞、季婉婧、沈雪、庄永文、
　　　　　彭飞、于洋、徐点点、陈杨、张艳

当前乡村生态旅游正在蓬勃兴起，资源优势与市场需求共同加速了这一新兴旅游产业的发展。然而由于我国乡村大部分经济发展远远落后于城市，尤其在信息技术方面更是无法与城市相提并论，因此在发展旅游过程中往往缺乏旅游信息平台的支撑，旅游信息传播速度慢、覆盖面窄和准确性差，影响了游客对乡村旅游的全面正确认知，也不利于乡村旅游资源的均衡利用。在这一形势需求下，迫切需要将城市中已广泛应用的信息技术推广到乡村，助推"十一五"村镇建设与旅游经济的发展。为了适应新形势对乡村生态旅游的管理需求，满足国家社会主义新农村建设的要求，本课题尝试针对乡村景观环境与旅游资源，建立一套集辅助规划设计、辅助规划管理及游客浏览查询为一体的三维仿真系统，为乡村生态旅游规划、管理、服务提供信息技术平台，以便规划人员制定科学合理的乡村生态旅游规划方案，管理者提高旅游管理水平，并进一步丰富旅游服务功能，为新农村旅游管理和服务信息化奠定基础。

根据任务书要求，本课题的研究内容主要包括以下3个方面：

（1）建立乡村生态旅游景观三维视景模型

（2）乡村生态旅游视景仿真引擎研究和开发

（3）建立乡村生态旅游景观三维仿真平台

在研究进展过程中，课题组将任务重新组合为三个部分，包括三维仿真系统平台建设、三维景观模型库建设、面向试点区域的乡村生态旅游三维仿真探索。

获奖：
2012年华夏建设科学技术奖三等奖

乡村生态旅游三维仿真系统登录界面

乡村生态旅游著作权证书

6.3.4 北京故宫乾隆花园园林勘测、图库建设及数字化模拟仿真研究

项目来源：故宫博物院
项目时间：2009年
项目负责人：胡洁
参与人员：安友丰、李家忠、王鹏、谢麟东、何金龙

2009年，受故宫博物院委托，课题组通过对宁寿宫花园（乾隆花园）的假山、植物、铺地、摆件等园林要素进行调研、绘图、三维建模、仿真动画制作及宁寿宫花园历史档案考证，形成宁寿宫花园造园思想及园林空间艺术分析研究报告。

基于Citymaker平台建立的数字宁寿宫花园，使全方位欣赏古典园林成为可能，并突破了真实环境中的各种制约，实现了融入式的参观漫游和对古典园林的多角度、多方位观摩与研究。同时，利用全站仪、三维激光扫描和近景摄影测量等多技术结合的手段完成的宁寿宫花园数字化重建也为古典园林数字化研究提供了有益的借鉴，并起到了示范作用，具有广泛的推广应用前景。

近影摄影测量

三维扫描

乾隆花园——古华轩

乾隆花园——假山

7 附录

附录A 清华大学风景园林学科已发表论文清单

风景园林历史与理论

1. 吴良镛.人居环境与审美文化——2012年中国建筑学会年会主旨报告[J].建筑学报，2012(12):2-6.
2. 吴良镛.关于建筑学、城市规划、风景园林同列为一级学科的思考[J]. 中国园林，2011(5): 11-12.
3. 吴良镛.人居环境科学发展趋势论[J]. 城市与区域规划研究，2010(7):1-14.
4. 吴良镛.关于园林学重组与专业教育的思考[J]. 中国园林，2010(1): 27-33.
5. 吴良镛. 吴良镛：应积极创建人居环境学科[J]. 中国科学院院刊，2006(6): 442-443.
6. 吴良镛.人居环境科学与景观学的教育[J]. 中国园林，2004(1): 7-10.
7. 吴良镛.人居环境科学的探索[J]. 规划师，2001(6): 5-8.
8. 吴良镛.中国传统人居环境理念对当代城市设计的启发[J]. 世界建筑，2000(1): 82-85.
9. 吴良镛.从绍兴城的发展看历史上环境的创造与传统的环境观念[J]. 城市规划，1985(2):6-17.
10. 吴良镛. "锦上添花"与"雪中送炭"——园林建设断想[J]. 城市规划，1982(5): 16-17.
11. 朱畅中. "山水城市"探[J]. 华中建筑，1998(3): 11.
12. 朱畅中. 风景环境与建设[J]. 城乡建设，1998(2): 16-17.
13. 朱畅中. 雕塑和自然风景环境[J]. 雕塑，1997(3): 17.
14. 朱畅中. 园林式山水城市的规划设计(海南通什市规划设计体会)[J]. 规划师，1994(4): 4-5.
15. 朱畅中. 风景环境与"山水城市"[J]. 规划师，1994(3): 17-18.
16. 朱畅中. 风景环境与旅游宾馆——评香山饭店的规划设计[J]. 建筑学报，1983(4): 59-60.
17. 朱钧珍. 纪念汪菊渊先生逝世10周年[J]. 中国园林，2006(3): 6-8.
18. 朱钧珍. 香港寨城公园[J]. 前进论坛，1997(6): 30.
19. 朱自煊. 深切怀念汪菊渊先生[J]. 中国园林，2006(3): 4.
20. 朱自煊. 圆明园规划初探[J]. 建筑学报，1981(2): 51-59.
21. 郑光中，张敏，袁牧. 生态城市·生态农业·生态旅游——以深圳西海岸生态农业旅游区规划为例[J]. 建筑学报，2000(5): 4-7.
22. 郑光中，张敏. 北京什刹海历史文化风景区旅游规划——兼论历史地段与旅游开发[J]. 北京规划建设，1999(2): 11-15.

23. 楼庆西. 中国建筑文化一瞥(四)乡土山水情[J]. 中国书画, 2003(6): 116-117.

24. 楼庆西. 中国建筑文化一瞥(三)苏州园林[J]. 中国书画, 2003(5): 110-111.

25. 楼庆西. 中国建筑文化一瞥(二)皇家园林[J]. 中国书画, 2003(4): 120-121.

26. 孙凤岐. 我国城市住区景观与环境建设问题探讨[J]. 城市建筑, 2007(5): 9-10.

27. 孙凤岐. 营造富有地方特色的现代城市景观[J]. 建筑创作, 2003(7): 26-27.

28. 孙凤岐. 发掘历史文化遗产 保护古卫城风貌——结合永宁古卫城遗址公园设计[J]. 中国园林, 2003(2): 12-17.

29. 孙凤岐. 营造具有良好空间品质人性化的城市广场[J]. 建筑学报, 2003(5): 31-33.

30. 孙凤岐. 现代城市景观建筑[J]. 小城镇建设, 2001(7): 24-25.

31. 孙凤岐. 我国城市中心广场的改建与再开发研究[J]. 建筑学报, 1999(8): 22-25.

32. 孙凤岐.精心的随意 刻意的追求——谈城市景观的塑造[C]//风景园林人居环境 小康社会——中国风景园林学会第四次全国会员代表大会论文选集（上册）2008:125-126.

33. 孙凤岐.发掘历史文化遗产保护古卫城风貌——永宁古卫城遗址公园设计稿[M]//加入WTO和中国科技与可持续发展——挑战与机遇、责任和对策（下册）.北京:中国科学技术出版社，2002:1174.

34. 刘静，孙凤岐. 城市公共空间景观设计与法规及规划的相关问题解析[J]. 中国园林, 2004(6): 21-23.

35. 郭黛姮.迈向世界城市的北京历史园林[J]. 中关村, 2012(11): 34-36.

36. 郭黛姮，张越. 再现圆明园[J]. 中关村, 2012(11): 40-43.

37. 郭黛姮.圆明园与样式雷[J]. 紫禁城, 2011(4): 8-19.

38. 郭黛姮，张锦秋. 苏州留园的建筑空间[J]. 建筑学报, 1963(3): 19-23.

39. 郭黛姮.珠海圆明新园与圆明园[M]//建筑史论文集（第11辑）.北京：清华大学出版社，1999：262-283, 312.

40. 贺艳，郭黛姮，肖金亮. 圆明园九州清晏景区桥梁遗迹保护设计[M]//生态文明视角下的城乡规划——2008中国城市规划年会论文集.大连：大连出版社，2008：3319-3320.

41. 王丽方，谭朝霞. 清华大学北院景园设计随笔[J]. 中国园林, 2001(2): 23-25.

42. 王丽方. 风景区建筑与景观环境的基本关系[J]. 中国园林, 1990(2): 24-26.

43. 王丽方. 传统风景名胜区的人文因素[J]. 中国园林, 1988(3): 41-42.

44. 王丽方. 山水画论与传统的风景建筑[J]. 中国园林, 1988(2): 28-29.

45. 贾珺. 圆明三园中的祀庙祠宇建筑探析[J]. 故宫博物院院刊, 2012（5）：109-128.

46. 贾珺. 圆明园中的理政空间探析[J]. 建筑学报, 2011（5）：100-106.

47. 贾珺. 清代皇家园林写仿现象探析[J]. 装饰, 2010（2）：16-21.

48. 贾珺. 长春园狮子林与苏州狮子林[M]//建筑史论文集（第26辑）北京：清华大学出版社，2010：109-121.

49. 贾珺. 明清时期淮安府河下镇私家园林探析[M]//中国建筑史论汇刊(第3辑). 北京：清华大学出版社，2010：409-436.

50. 贾珺. 北京私家园林的匾联艺术[J]. 中国园林, 2008（12）：76-78.

51. 贾珺. 明代北京勺园续考[J]. 中国园林, 2009（5）：76-79.

52. 贾珺. 北京恭王府花园新探[J]. 中国园林, 2009（8）：85-88.

53. 贾珺. 北京西城棍贝子府园[J]. 中国园林, 2010（1）：85-87.

54. 贾珺. 朱育帆. 北京私家园林中的植物景观[J].中国园林, 2010（10）：61-69.

55. 朱育帆. 关于北宋皇家苑囿艮岳研究中若干问题的探讨[J]. 中国园林, 2007(6): 10-14.

56. 朱育帆. 文化传承与"三置论"——尊重传统面向未来的风景园林设计方法论[J]. 中国园林, 2007(11): 33-40.

57. 邬东璠,庄岳. 从文化共通性看中国古典园林文化[J].中国园林,2010(1): 37-40.

58. 邬东璠,陈阳. 诗意栖居: 中国古典园林的精神内涵[J].中国园林, 2008(4): 51-56.

59. 邬东璠,陈阳. 展屏全是画: 论中国古典园林之"景"[J].中国园林,2007(11):89-92.

60. 邬东璠,庄岳,王其亨. 景以寄情 文以代质——中国语文与传统园林创作[J].中国园林,2005（4）：39-42.

61. 邬东璠. 南浔宜园考——中国近代园林优秀案例研究.中国风景园林学会2011年会.

62. WU Dongfan. Poetic Imagery and Picturesque Concept of Traditional Chinese Literator Garden[C],2010 International Symposium: Identity of Traditional Asian Landscapes, Korea: IFLA APR Cultural Landscape Committee, 2010:31-40.

63. 邬东凡. 重建诗意栖居初探[M]//中国风景园林学会2010年会论文集，北京:中国建筑工业出版社，2010：356.

64. 刘海龙. 当代多元生态观下的景观实践[J].建筑学报，2010(4):90-94.

65. 刘海龙.评《景观都市主义文集》[J].区域与城市规划研究，2008(3):206-209.

66. 刘海龙.美国LA专业评估体系概述及对国内的借鉴[J].中国园林，2007（2）：66-70.

67. 胡一可，刘海龙.景观都市主义思想内涵探讨[J].中国园林，2009(10):64-68.

68. 海岸生态农业旅游区规划为例[J]. 建筑学报, 2000(5): 4-7.

69. 黄昕珮. 对"景观生态"概念的探讨[J]. 中国园林, 2011(01): 33-36.

70. 黄昕珮. 论"景观"的本质——从概念分裂到内涵统一[J]. 中国园林, 2009(04): 26-29.

71. 黄昕珮. 论乡土景观——《Discovering Vernacular Landscape》与乡土景观概念[J]. 中国园林, 2008(07): 87-91.

72. 胡一可，杨锐，王劲韬. 对中国古典园林与英国自然风景园之综合分析比较[J]. 华中建筑, 2009(01): 202-207.

73. 王劲韬. 中国皇家园林叠山研究[D]. 北京：清华大学, 2009.

74. 王劲韬. 论中国园林叠山的专业化[J]. 中国园林, 2008(01): 91-94.

75. 王劲韬. 论明清园林叠山与绘画的关系[J]. 华中建筑, 2008(02): 170-172.

76. 王劲韬. 中国园林叠山风格演化及原因探讨[J]. 华中建筑, 2007(08): 188-190.

77. 王劲韬. 论《园冶》中反映的造园的手法和理念[J]. 华中建筑, 2007(12): 100-101.

78. 彭琳，王倩娜. "传承与创新"语境下日本京都现代园林美学特征研究[J]. 农业科技与信息(现代园林),2012（03）:4-8.

79. 彭琳. 圆明园中的田园景观识别及其类型研究[C].2013 中国风景园林年会.

80. 孙天正.变换的凝视——试论欧洲15～19世纪风景园林的观看之道[J].中国园林, 2012(03): 42-48.

81. 孙天正.从景到境,由建至营——基于Landscape Architecture学科本体论的学理名称问题刍议[J].华中建筑,2011(07): 110-112.

82. 张振威. 中国城市园林绿化法小议[C]//全国博士生学术论坛 (建筑学) 学术委员会. 科学发展观下的中国人居环境建设：2009年全国博士生学术论坛（建筑学）论文集. 北京:中国建筑工业出版社，2009：463-466.

83. 张振威. 陈志华园林史学思想探析[J]. 中国园林, 2010, 26（10）：29-32.

84. 张振威. 美国风景园林执业注册法研究[J]. 中国园林，2012, 28（5）：38-41.

85. 杨锐,王应临.从《四部丛刊》略考"风景"[J].中国园林.2012(03).

86. 赵智聪,杨锐.清华大学"景观规划设计"硕士研究生设计课程评述[J].风景园林,2006(05).

87. Dong Libing,Zhao Zhicong.The Construction of NRW Landscape Law and Enlightenment on Chinese Legislation[A]. The 47th International Federation of Landscape Architects (IFLA) World Congress. London Science Publishing Limited,2010（11）.

88. 崔庆伟. 评《设计师式认知方式》[J]. 风景园林，2011(2)：78-80.

89. 郭湧. 当下设计研究方法论概述[J].风景园林，2011(2):68-71.

90. Yong Guo. Research Report// Ute Frank EKLAT: Entwerfen und Konstruieren in Lehre,Anwendung und Theorie. Berlin, Teknische Universitaet Berlin, 2011.

园林与景观设计

1. 吴良镛，朱育帆. 基于儒家美学思想的环境设计——以曲阜孔子研究院外环境规划设计为例[J].中国园林，1999(6): 10-14.

2. 胡洁,张堑,韩毅. 铁岭凡河新城核心区钻石广场冰裂纹铺装工艺特色[J]. 风景园林,2010（6）：119-122.

3. 胡洁,韩毅,吴宜夏.礼乐相迎 山水相映——铁岭新城和新区规划设计[J].中国园林,2007(3):3-8.

4. 胡洁,吴宜夏,韩德森. 福州大学新校区环境规划[J].中国园林,2006(9):21-26.

5. 胡洁,吴宜夏,吕璐珊. 北京奥林匹克森林公园景观规划设计综述[J].中国园林,2006(6)：1-7.

6. 胡洁. 从区域规划到场地设计——"山水城市"理念在多尺度景观规划中的实践[C]//中国风景园林学会2011年会论文集（上册）.北京：中国建筑工业出版社,2011:258-263.

7. 胡洁."山水城市"——中国特色生态城市[C]. //和谐共荣——传统的继承与可持续发展：中国风景园林学会2010年会论文集（上册）.北京:中国建筑工业出版社,2010:253-259.

8. 胡洁,吴宜夏,吕璐珊,张艳,李薇,刘辉.奥林匹克森林公园生态水科技[J].建设科技,2008(13):72.

9. 胡洁,吴宜夏,吕璐珊,刘辉. 奥林匹克森林公园景观规划设计[J].建筑学报,2008(9): 27-31.

10. 胡洁,吴宜夏,吕璐珊.北京奥林匹克森林公园竖向规划设计[J]. 中国园林,2006(6):8-13.

11. 胡洁,吴宜夏,吕璐珊.北京奥林匹克森林公园水系规划[J].中国园林,2006(6):14-19.

12. 胡洁,吴宜夏,段近宇.北京奥林匹克森林公园交通规划设计[J],中国园林,2006(6): 20-24.

13. 胡洁,吴宜夏,安迪亚斯.路卡,赵春秋. 北京奥林匹克森林公园儿童乐园规划设计[J].风景园林,2006(3): 58-63.

14. 胡洁,吴宜夏,吕璐珊. 北京奥林匹克森林公园山形水系的营造[J].风景园林,2006(3):49-57.

15. 胡洁,吴宜夏,张艳. 北京奥林匹克森林公园种植规划设计[J].中国园林,2006(6)

16. 胡洁, 杨翌朝, Jesse Rodenbiker.山水城市理念——旅顺临港新城景观规划设计[C]//2012国际风景园林师联合会（IFLA）亚太区会议暨中国风景园林学会2012年会论文集（上册）.北京:中国建筑工业出版社,2012：259-262.

17. 胡洁.城市新区开发的规划态度与方法——以葫芦岛市龙湾中央商务区景观规划设计为例[C].中国风景园林学会2011年会论文集（上册）.北京:中国建筑工业出版社，2011:166-171.

18. 韩毅,胡洁,吕璐珊,陆晗,吕晓芳,胡淼淼.巧于因借立基山水——旅顺临港新城风景园林规划[C].中国风景园林学会2011年会论文集（上册）.北京:中国建筑工业出版社,2011:239-244.

19. 吴宜夏,吕璐珊,胡洁,刘辉. 奥林匹克森林公园建筑及生态节能建筑技术应用[J].建筑学报,2008(9):32-35.

20. 朱育帆. 与谁同坐?——北京金融街北顺城街13号四合院改造实验性设计案例解析[J]. 中国园林，2005（8）: 11-22.

21. 朱育帆. 与谁同坐?——北京金融街北顺城街13号四合院改造[J]. 世界建筑，2004(11):104-107.

22. 朱育帆, 姚玉君. 永恒·轴线——清华大学核能与新技术研究院中心区环境改造[J]. 中国园林，2007(2):5-11.

23. 朱育帆, 姚玉君. "都市伊甸"——北京商务中心区(CBD)现代艺术中心公园规划与设计[J]. 中国园林，2007(11):50-56.

24. 朱育帆, 姚玉君.新诗意山居——"香山81号院"(半山枫林二期)外环境设计[J]. 中国园林，2007(5): 66-70.

25. 朱育帆, 姚玉君. "香山81号院"(半山枫林二期)外环境设计[J]. 城市环境设计，2008(11) :37-40.

26. 朱育帆, 姚玉君.为了那片青杨(上)——青海原子城国家级爱国主义教育示范基地纪念园景观设计解读[J].中国园林，2011(9):1-9.

27. 朱育帆, 姚玉君. 为了那片青杨(中)——青海原子城国家级爱国主义教育示范基地纪念园景观设计解读[J]. 中国园林，2011(10): 21-29.

28. 朱育帆, 姚玉君. 为了那片青杨(下)——青海原子城国家级爱国主义教育示范基地纪念园景观设计解读[J]. 中国园林，2011(11): 18-25.

29. 朱育帆. 混搭的力量——北京五矿万科如园展示区景观设计[J]. 风景园林，2012(8):140-145.

30. 胡一可, 郭湧, 王应临等. 流绿·留绿 借车融绿,化站为园[J]. 风景园林,2009(05): 30-31.

31. 胡一可, 宋睿琦. 慕尼黑奥林匹克公园规划与城市生活[J]. 建筑师, 2008(03): 52-59.

32. 陈英瑾. 人与自然的共存——纽约中央公园设计的第二自然主题[J]. 世界建筑,2003(4).

33. 杨觅, 张振威. 泥沙与毒品的对话——基于萨尔温江之变的佤邦地区政治与景观mosaic之乌托邦式重构[J].中国园林, 2008, 24（10）: 31-35.

34. 刘博新.循证设计在康复景观中的应用[M]//华中科技大学建筑与城市规划学院主编.一级学科背景下的城市与景观. 武汉:华中科技大学出版社,2013(1):91-101.

35. 刘博新,何晓军.杭州乐土养生庄园景观设计[J].现代园林,2013(4):9-14.

36. 王川, 崔庆伟, 许晓青, 庄永文. 化家为家——阻止沙漠蔓延的绿色基础设施[J]. 中国园林, 2009(12): 40-44.

37. 崔庆伟. 表面锈蚀钢板材料在风景园林设计实践中的应用研究[C]//中国风景园林学会2010年会论文集. 北京: 中国建筑工业出版社, 2010,227-231.

附录

38. 许晓青,赵智聪.扬州滨水空间发展研究——以小秦淮河为例[C]//2011年中国风景学会园林年会论文集（下册）.北京:中国建筑工业出版社,2011.

39. 郭湧,张杨.寻找自然、城市、人共生的伊甸——2007国际风景园林师联合会国际学生设计竞赛荣誉奖作品介绍[J].中国园林, 2007(09):11-13.

40. 郭湧,张杨. 2007国际风景园林师联合会国际学生设计竞赛荣誉奖 见证一座垃圾山重归乐园的七张面孔——寻找自然、城市、人共生的伊甸[J].中国园林，2007(09).

41. 郭湧,张英杰. 德国市民花园设计导则研究[J].风景园林，2011(2):72-77.

42. 郭湧.承载园林生活历史的空间艺术品—解读法国雪铁龙公园[J].风景园林,2010(4):113-118.

43. 梁尚宇.回应生活——景观设计中事件记忆转置设计方法探讨.中国风景园林学2010会年会论文集,2010.

44. 梁尚宇.以批判性地域主义视角作若干设计师式的思考（景观）. 2011 International Conference on Social Sciences and Society,2011.

45. 梁尚宇.唤起消逝的城市生态记忆:一种融合文化生态学的生态景观规划设计方法.2011年全国博士生学术论坛（建筑·规划·风景园林）,2011.

地景规划与生态修复

1. 吴良镛. 借"名画"之余晖 点江山之异彩——济南"鹊华历史文化公园"刍议[J]. 中国园林，2006(1):2-5.

2. 吴良镛.严峻生境条件下可持续发展的研究方法论思考——以滇西北人居环境规划研究为例[J]. 科技导报，2000(8): 37-38.

3. 吴良镛，赵万民. 三峡工程与人居环境建设[J]. 城市规划，1995(4): 5-10,64.

4. 吴良镛."山水城市"与21世纪中国城市发展纵横谈——为山水城市讨论会写[J]. 建筑学报，1993(6): 4-8.

5. 吴良镛.桂林的城市模式与保护对象[J]. 城市规划，1988(5): 3-8.

6. 朱育帆，郭湧，王迪. 走向生态与艺术的工程设计——温州杨府山垃圾处理场封场处置与生态恢复工程方案[J].中国园林，2007(12):41-45.

7. 杨元朝，李树华，任斌斌，张文秀，高玉福. 基于GIS分析威海环翠区山地生物资源保护规划[J].北京农学院学报，2011,26(3):73-77.

8. 邬东璠,刘洪彬. 旅游镇慢行系统的规划设计思考[J].南方建筑,2011(3): 45-47.

9. 邬东璠,杨锐,刘海龙. 水城明尼阿波利斯的公园体系[J].中国园林，2007(3): 24-30.

10. 张树民,邬东璠.中国旅游度假区发展现状与趋势探讨[J]. 中国人口·资源与环境,2013(1):170-176.

11. 刘海龙，俞孔坚，詹雪梅等. 遵循自然过程的河流防洪规划——以浙江台州永宁江为例[J].城市环境设计,2008,4（25）：29-33.

12. 王彬汕. 民族地区旅游小城镇规划中的"真实性"理论述评[J]. 风景园林，2010(04): 98-101.

13. 王彬汕. 少数民族地区新乡土设计:塑造一种融合与发展的地域景观[J]. 中国园林，2009(12): 84-87.

14. 王彬汕. 民族地区旅游小城镇规划探索——以稻城香格里拉乡为例[J]. 风景园林，2009(06): 84-87.

15. 李孟颖，胡一可. 两栖生活——谈滨海低地环境更新案例[J]. 中国园林，2009(02): 68-72.

16. Qianna WANG,Lin PENG, Martin Mwirigi M'IKIUGU, Isami KINOSHITA1, ZhicongZhao. Key factors for renewable energy promotion and its sustainability values in rural areas: findings from Japanese and Chinese case studies[C].2013 Spatial Planning and Sustainable Development.

17. 王应临,杨觅,游淙,张璐.城市工业废弃地改造中的景观规划设计——北京首钢第二通用机械厂更新改造研究[A]//第十届中国科协年会论文集（二）[C]，2008.

18. 崔庆伟,孟凡玉.从岩口深潭到"世外桃源"——上海辰山植物园矿坑花园的采石工业遗址景观再生之路[J].景观设计.2013（1）：26-33.

19. Guo Yong. Exploration on Contaminated Urban Manufactured Sites' Remediation Management Strategies in Beijing [C]. The 4th International Conference of the International Forum on Urbanism, 2009.10.

20. 朱育帆,郭湧等. 走向生态与艺术的工程设计——温州杨府山垃圾处理场封场处置与生态恢复方案[J].中国园林，2007(11):41-45.

21. 朱育帆，孟凡玉. 矿坑花园[J]. 园林, 2010(5): 28-31.

22. 郭湧,田甜译，（瑞典）克里斯汀·哈兰德,安德斯·拉森 等.瑞典多功能绿道的实际建设挑战与机遇[J].风景园林，2010(6):30-33.

23. 郑晓笛. 以人为本，为人看？为人用？——对于北京城市景观的几点思考[M]//李先军.城思录.武汉: 华中科技大学出版社,2010.

24. 郑晓笛. 三个各具特色的德国工业遗产地[J]. 北京规划建设，2011(01): 140-153.

25. 郑晓笛. 论棕地再开发与工业建筑遗产保护的关系[J]. 北京规划建设，2011(01):82-85.

26. 郑晓笛. 关注棕地再生的英文博士论文及规划设计类著作综述[J]. 中国园林, 2013(02): 5-10.

27. 吉尔·戴斯米妮，郑晓笛. 野性创新:美国Stoss公司改造底特律的提案[J]. 中国园林, 2013(02): 11-19.

28. 郑晓笛.三个各具特色的德国工业遗产地[J]. 北京规划建设,2011(01):140-153.

29. 郑晓笛.论棕地再开发与工业建筑遗产保护的关系[J]. 北京规划建设,2011(01):82-85.

30. 郑晓笛.关注棕地再生的英文博士论文及规划设计类著作综述[J]. 中国园林,2013(02):5-10.

31. 郑晓笛.什么使美国纽约清溪垃圾填埋场的改造备受瞩目[J]. 世界园林,2013(01):136-145.

32. 郑晓笛.从中美3个实例看风景园林专业棕地设计课教学[J]. 中国园林,2009(09), 24-27.

风景园林遗产保护

1. 朱畅中. 风景区管理数题[J]. 城市规划, 1982(5): 5-9.

2. 朱畅中. 自然风景区的规划建设与风景保护[J]. 城市规划, 1982(1): 34-40.

3. 朱畅中.黄山风景名胜区规划探讨[M]//圆明园学刊（第三期）. 北京:中国建筑工业出版社,1984:184-185.

4. 杨锐,王应临,庄优波. 中国的世界自然与混合遗产保护管理之回顾和展望[J]. 中国园林,2012(8):55-62.

5. 杨锐,赵智聪,庄优波. 关于"世界混合遗产"概念的若干研究[J].中国园林，2009(5):1-8.

6. 杨锐,赵智聪,邬东璠.完善中国混合遗产预备清单的国家战略预研究[J].中国园林,2009(06).

7. 杨锐,赵智聪,邬东璠. 完善中国混合遗产预备清单的国家战略研究[J].中国园林,2009(06) :24-29.

8. 杨锐."IUCN保护地管理分类"及其在滇西北的实践[J].城市与区域规划研究. 2009(01): 83-102.

9. 杨锐,赵智聪.作为整体的"中国五岳"之世界遗产价值[J].中国园林，2007(12).

10. 杨锐,赵智聪, 邬东璠. 作为整体的"中国五岳"之世界遗产价值[J].中国园林.2007(12):1-6.

11. 杨锐.试论世界国家公园运动的发展趋势[J].中国园林，2003(7): 10-15.

12. 杨锐.美国国家公园体系规划体系评述[J].中国园林，2003(1): 44-47.

13. 杨锐.中国自然文化遗产管理现状分析[J].中国园林，2003(9): 38-43.

14. 杨锐.改进中国自然文化遗产管理的四项战略[J].中国园林，2003(10): 39-44.

15. 杨锐.改进中国自然文化遗产管理状况的行动建议[J].中国园林，2003(11): 41-43.

16. 杨锐.美国国家公园与国家公园体系经验教训的借鉴[J]. 中国园林，2001(01): 62-64.

17. 杨锐.LAC理论：解决环境容量问题的新思路[J]，中国园林，2001(3):19-21

18. 杨锐.风景区环境容量概念初探[J].城市规划汇刊，1996(6):12-15

19. 杨锐, 郑光中. 寻找保护与发展的平衡点——尖峰岭国家森林公园总体规划[J].城市规划,1997(2):23-25.

20. 杨锐, 庄优波,党安荣. 梅里雪山风景名胜区总体规划技术方法研究[J]. 中国园林，2007(4):1-6.

21. Yang Rui, Zhuang Youbo. Mountains and Buddhas in the Clouds[J]. World Heritage Review,2004,1(36)：28-37.

22. YANG Rui , ZHUANG Youbo. From Mt . Tai To Mt. Huang: Case Studies of GMPs for Chinese WHs[R]. Huangshan, China: Proceedings of International Conference on Sustainable Tourism Management at World Heritage Sites,2008.

23. YANG Rui , ZHUANG Youbo, LUO Tingting. Buffer Zone and Community Issues of Mount Huangshan World Heritage Site, China[R]. Davos, Switzerland :Proceedings of the International Expert Meeting on World Heritageand Buffer Zones, 2008.

24. Yang Rui, Zhuang Youbo. Challenges and Strategies for Management of the Three Parallel Rivers WorldHeritage Site[R]. Kunming: International Workshop on China World Heritage Biodiversity Program (Kunming),2004.

25. Yang Rui, Zhuang Youbo. Problems and Solutions to Visitor Congestionat Yellow Mountain National Park of China[J]. Parks, Vol 16 No.2 (thevisitor experience challenge), 2006:47-52.

26. YANG Rui , ZHUANG Youbo, LUO Tingting. Buffer Zone andCommunity Issues of Mount Huangshan World Heritage Site, China[R].Davos, Switzerland :Proceedings of the International Expert Meeting on World Heritage and Buffer Zones, 2008.

27. 邬东璠,庄优波,杨锐. 五台山文化景观遗产突出普遍价值及其保护探讨[J]. 风景园林, 2012(1):74-77.

28. 邬东璠,杨锐. 长城保护与利用中的问题和对策研究[J].中国园林, 2008(5): 60-64.

29. 邬东璠. 议文化景观遗产及其景观文化的保护[J]. 中国园林,2011(4):1-3.

30. 庄优波,杨锐. 世界自然遗产地社区规划若干实践与趋势分析[J]. 中国园林, 2012.28(9): 9-13.

31. 庄优波,杨锐. 风景名胜区总体规划环境影响评价程序与指标体系[J]. 中国园林, 2007(1):49-52.

32. 庄优波,杨锐,赵智聪,胡一可,林广思.风景园林学科发展研究之风景名胜区专题.风景园林学科发展报告（2009-2010）[M].北京:中国科学技术出版社, 2010.

33. 庄优波. 风景名胜区缓冲区现状及概念模型初探[M]//和谐共荣——传统的继承与可持续发展：中国风景园林学会2010年会论文集（上册).北京:中国建筑工业出版社,2010: 309-313.

34. 庄优波, 杨锐. Research on value identification and protection of Beijing Sheji Temple.2010 IFLA APR Cultural Landscape Committee International Symposium[C]. 国际风景园林师联合会亚洲太平洋区域文化景观委员会国际研讨会（会议报告和论文）.

35. 庄优波. 亚太区世界遗产地第二轮定期报告培训内容简述[R]. 太原:住房和城乡建设部主办中国世界遗产保护管理研讨会,2010.

36. 庄优波. 美国国家公园界外管理研究及借鉴[C]// 中国风景园林学会2009年会论文集. 北京:中国建筑工业出版社,2009:199-203.

37. 庄优波. 中国世界遗产地的旅游管理：以黄山为例[R]，美国蒙大拿:美国农业部森林管理局2009保护区管理研讨会（2009 International Seminar of Protected Area Management）,2009.

38. 庄优波. 我国世界自然遗产地保护管理规划实践概述[J].中国园林，2013(08):6-10.

39. 庄优波，杨锐. 黄山风景名胜区分区规划研究[J]. 中国园林，2006(12): 32-36.

40. 庄优波. 美国国家公园界外管理研究及借鉴[M]//中国风景园林学会2009年会论文集. 北京:中国建筑工业出版社，2009:199-203.

41. 庄优波,杨锐. 世界自然遗产地社区规划若干实践与趋势分析[J]. 中国园林，2012.28(9): 9-13.

42. 庄优波，李屹华. Increase Protected Landscape's Connectivity with Other Protected Areas in Regional Urbanization Background: Case Study on Huangshan National Park of China[R]. 北京:第八届国际景观生态学大会,2011.

43. 庄优波,徐荣林,杨锐,许晓青. 九寨沟世界遗产地旅游可持续发展实践和讨论[J].风景园林, 2012(1):78-81.

44. 庄优波. 世界遗产第二轮定期报告评述[J]. 中国园林, 2012(7):97-100.

45. 庄优波,杨锐.北京社稷坛(中山公园)价值识别与保护管理研究[J].中国园林，2011 (4): 26-30.

46. Zhuang Youbo, Yang Rui. Minimize Negative Tourism Impact in Chinese National Parks: Case Study on Mt.Huangshan National Park. IUCN/WCPA 5th Conference on Protected Areas of East Asia (Hong Kong). 2005,6.

47. ZhuangYoubo, Yang Rui. Mount Huangshan: Site of Legendary Beauty[J]. World Heritage Review, 2012(5):30-37.

48. Zhuang Youbo, Yang Rui. Minimize Negative Tourism Impact in Chinese National Parks: Case Study on Mt. Huangshan National Park[J]. IUCN/WCPA 5th Conference on Protected Areas of East Asia (Hong Kong).2005,6.

49. Zhuang Youbo. Current Situations and a Concept Model of Buffer Zonesof Chinese National Parks[C]. 47th International Federation of Landscape Architects (IFLA) World Congress.Suzhou, P. R. CHINA, 2010:121-125.

50. ZhuangYoubo, Yang Rui. Mount Huangshan: Site of Legendary Beauty[J]. World Heritage Review. 2012(5):30-37.

51. 党安荣, 马琦伟, 赵静. 村落传统文化保护研究的空间信息技术方法[J]. 城市-空间-设计,2012(1): 26-29.

52. 党安荣, 吕江, 赵静. 窑洞民居的发展变化与保护传承[J]. 中华民居, 2009(2):12-15.

53. 党安荣，郎红阳，冯晋. 黄土高原北部窑洞民居建筑的变迁与保护研究[J]. 世界建筑, 2008(9): 90-93.

54. 刘海龙.基于过程视角的城市地区生物保护规划——以浙江台州为例[J],生态学杂志, 2010 (1):8-15.

55. 刘海龙，杨锐.对构建中国自然文化遗产地整合保护网络的思考[J].中国园林,2009(1):24-28.

56. 刘海龙，潘运伟.我国地质公园的空间分布与保护网络的构建[J], 自然资源学报, 2009,9(25):1480-1488.

57. 刘海龙.连接与合作:生态网络规划的欧洲及荷兰经验[,J].中国园林,2009(9):31-35.

58. 刘海龙. 中国遗产地体系空间网络的若干关键问题初探[M]//中国风景园林学会2010年会论文集.北京:中国建筑工业出版社, 2010:75-78.

59. 刘海龙.中荷两处大尺度军事遗产体系的分析与比较[J].南方建筑,2009(4):84-88.

60. 刘海龙.基于过程视角的城市地区生物保护规划——以浙江台州为例[J].生态学杂志, 2010,29(1):8-15.

61. 刘海龙.文化遗产的"突围"——德国科隆大教堂周边文化环境的保护与步行区的营造[J].国际城市规划,2009,24(5):100-105.

62. 刘海龙、王依瑶. 美国国家公园体系规划与评价研究——以自然类型国家公园为例[J].中国园林,2013(9).

63. 杨宇亮，张丹明，党安荣. 村落文化景观形成机制的时空特征探讨——以诺邓村为例[J].中国园林, 2013（3）：60-65.

64. 杨宇亮，党安荣. 村落文化景观的交叉学科研究方法[J].城市-空间-设计, 2012（1）: 18-22.

65. (新西兰)Steven Brown 撰文, 庄优波 译. 新西兰景观规划[J]. 中国园林, 2013(1): 12-17.

66. (英)彼得 A. 奥登 撰文, 庄优波 译. 世界遗产共生——世界遗产地面临的可持续性挑战[J]. 中国园林, 2012(8): 63-65.

67. 王彬汕，杨锐，郑光中. 泰山景观资源的保护与利用[J]. 城市规划, 2001(4): 76-80.

68. 王彬汕，杨锐,郑光中. 泰山景观资源的保护与利用[J]. 城市规划,2001(4):76-80.

69. 王彬汕. 中国山岳型世界遗产地保护研究——以泰山风景名胜区为例[D].北京:清华大学建筑学院,2001.

70. 杨宇亮，党安荣. 村落文化景观的交叉学科研究方法[J].城市-空间-设计, 2012（1）: 18-22.

71. 杨宇亮，张丹明，党安荣, 谢浩云. 村落文件景观形成机制的时空特征探讨——以诺邓村为例[J]. 中国园林，2013(3):60-65.

72. 杨宇亮，张丹明，党安荣，谢浩云. "看得见的手"与"看不见的手"——多学科视野下村落文化景观形成机制的实证探讨[J]. 规划师, 2012.28(z2):253-257.

73. (英)彼得 A. 奥登 撰文, 庄优波 译. 世界遗产共生——世界遗产地面临的可持续性挑战[J]. 中国园林, 2012(8): 63-65.

74. 马琦伟，党安荣，赵静. 村落文化景观保护规划设计探索[J]. 城市空间设计, 2012(1): 37-42.

75. 陈英瑾. 风景名胜区中乡村类文化景观的保护与管理[J]. 中国园林, 2012(01): 102-104.

76. 陈英瑾. 英国国家公园与法国区域公园的保护与管理[J]. 中国园林, 2011(06): 61-65.

77. 彭琳,杨锐.日本世界自然遗产地的"组合特征"与管理特点[J].中国园林，2013(09):37-42.

78. 张振威. 风景名胜区立法浅议[M]//中国风景园林学会2009年会论文集：融合与生长. 北京:中国建筑工业出版社，2009: 431-436.

79. 张振威，杨锐. 加拿大世界自然遗产地管理规划的类型与特征[J].中国园林, 2013, 29（9）: 37-41.

80. 伽柏·斯拉给,王应临(翻译).人类的利用如何增加文化景观的自然遗产价值[J].中国园林, 2012(08).

81. 赵智聪,彭琳. 五问狼牙山[J]. 风景园林,2012（05）:154-155.

82. 赵智聪."削足适履"抑或"量体裁衣"？—— 中国风景名胜区与世界遗产文化景观概念辨析[A]//中国风景园林学会2009年会论文集,2009(09).

83. 赵智聪.初论中国风景名胜区制度初创期的特点与历史局限[A]//中国风景园林学会2009年会论文集,2009(09).

84. 赵智聪.世界遗产森林保护与管理的"景观途径"趋势及其对中国的启示[A]//2009年全国博士生论坛（建筑学）论文集,2009(10).

85. 赵智聪, 庄优波.新西兰保护地规划体系评述[J] .中国园林,2013(08):30-34.

86. 许晓青，杨锐.美国世界自然及混合遗产地规划与管理介绍[J] .中国园林,2013(08):35-40.

87. 贾丽奇.美国国家风景小径的管理体系初探—以阿巴拉契亚小径为例[C]//中国风景园林学会2009论文集.北京：中国建筑工业出版社,2009:218-221.

88. 贾丽奇，杨锐.澳大利亚世界自然及混合遗产管理框架研究[J] .中国园林,2013(08):25-29.

89. 贾丽奇. 对2005版《实施世界遗产公约的操作指南》中关于"缓冲区"的修订解读[R]. 北京:2011年清华大学建筑学院博士生论坛, 2011.

90. 王应临，杨锐，Lange. 英国国家公园管理体系评述（中英文）[J] .中国园林，2013(08):16-24.

91. 王应临. 尼泊尔国家公园缓冲区管理研究与借鉴[R].北京:2010年清华大学建筑学院博士生论坛, 2010.

92. Wang Yinglin. Preliminary Study about Generation and Development ofWorld Heritage Integrity Concept[J]. Suzhou:47th International Federationof Landscape Architecture (IFLA) World Congress, 2010.

93. 袁南果,杨锐. 国家公园现行游客管理模式的比较研究[J]. 中国园林, 2005(07): 9-13.

94. 胡一可,杨锐. 风景名胜区边界认知研究[J]. 中国园林,2011,27(6):56-60.

95. 党安荣,杨锐,刘晓冬. 数字风景名胜区总体框架研究[J]. 中国园林， 2005(05):31-34.

96. 陈英瑾. 风景名胜区中乡村类文化景观的保护与管理[J].中国园林，2012（1）:102-104.

97. 潘运伟，杨明. 濒危世界遗产的空间分布与时间演变特征研究[J]. 地理与地理信息科学, 2012(7): 88-110.

98. 杜建梅,李树华,邬东璠.明清时期北京天坛外坛植物景观特征研究[J]. 中国园林,2012,28（12）:100-104.

风景园林植物应用

1. 朱钧珍. 浅谈植物配置艺术手法[N]. 中国花卉报, 2010-03-04.

2. 朱钧珍. 中国园林植物景观风格的形成[J]. 中国园林, 2003(9): 37-41.

3. 朱钧珍. 从城市普遍绿化谈起[J]. 中国园林, 1985(1): 7-9.

4. 李树华.北宋苏轼的爱石趣味与爱石诗文[J]. 农业科技与信息(现代园林), 2012(1):4-7.

5. 李树华. "天地人三才之道"在风景园林建设实践中的指导作用探解——基于"天地人三才之道"的风景园林设计论研究(一)[J]. 中国园林,2011,27(6):33-37.

6. 李树华. 基于"天地人三才之道"的植物景观营造理论体系构建——基于"天地人三才之道"的风景园林设计论研究(二) [J]. 中国园林, 2011,27(7):51-56.

7. 李树华. 共生、循环——低碳经济社会背景下城市园林绿地建设的基本思路[J]. 中国园林,2010,26(22):19-22.

8. 李树华.东京城市公园绿地建设的历史发展、课题与目标[M]//2010北京园林绿化新起点.北京：中国林业出版社，2010：28-36.

9. 李树华, 张文秀. 园艺疗法科学研究进展[J]. 中国园林,2009,25(8):19-23.

10. 李树华, 马欣. 园林种植设计单元的概念及其应用[C]//和谐共荣——传统的继承与可持续发展：中国风景园林学会2010年会论文集（下册）. 北京：中国建筑工业出版社，2010：888-891.

11. 潘剑彬,李树华.基于风景园林植物景观规划设计的适地适树理论[J].中国园林, 2013,29(4):5-7.

12. 刘博新,李树华. 基于神经科学研究的康复景观设计探析[J].中国园林, 2012,2（11）:47-51.

13. 刘博新, 李树华. 中国纪检监察学院园艺疗法花园设计[J]. 农业科技与信息(现代园林), 2012 (1):31-34.

14. 刘剑,胡立辉, 李树华. 北京"三山五园"地区景观历史性变迁分析[J]. 中国园林,2011,27(2):54-58.

15. 任斌斌, 冯久莹, 李树华. 模拟邯郸地区自然群落的植物景观设计[J]. 浙江农林大学学报,2011,28(6):870-877.

16. Hong Bo, Liu Shu, Li Shu-hua, Ecological Landscape Planning and Design of an Urban Landscape Fringe Area: A Case Study of Yang'an District of Jiande City[J]. Procedia Engineering, 2011,21: 414-420.

17. 任斌斌, 李树华, 殷丽峰, 朱春阳. 苏南乡村生态植物景观营造[J]. 生态学杂志,2010,29(8): 1655-1661.

18. 王之婧, 胡立辉, 李树华. 原风景对景观感知影响的调查研究[J]. 中国园林,2010,26 (7):46-48.

19. 任斌斌, 李树华. 模拟延安地区自然群落的植物景观设计研究[J]. 中国园林,2010,26 (5):87-90.

20. 任斌斌, 李树华, 朱春阳, 张晓彤. 常熟虞山森林植被群落的数量分类与排序[J]. 南京林业大学学报(自然科学版),2010,34(3) :45-50.

21. 进士五十八, 李树华. 基于多样性的风景论——为了实现环境多样性、社会(生活方式)多样性、文化(风景)多样性[J].风景园林,2010(3):16-20.

22. Pan jianbin, Li shuhua, Dong li. The correlation between negative air ion and plant community-Case study of Beijing Olympic Forest Park. IFLA Asia Pacific Region Conference, 2012. (oral presentation)

23. 刘博新,严磊,郑景洪.园艺疗法的场所与实践[J].现代园林,2012(2):5-13.

24. 纪鹏，朱春阳，李树华. 夏季城市河流宽度对绿地温湿效益的影响[J].应用生态学报，2012，23(3): 679-684.

25. 纪鹏，朱春阳，李树华.河流廊道绿带结构温湿效应研究[J]. 林业科学，2012，48(3):58-65.

26. 纪鹏，朱春阳，李树华.城市沿河不同垂直结构绿带四季温湿效应的研究[J]. 草地学报，2012，20(3):456-463.

27. 朱春阳，李树华，李晓艳. 城市带状绿地郁闭度对空气负离子浓度、含菌量的影响[J]. 中国园林，2012，28（9）:72-77.

28. 纪鹏，朱春阳，高玉福，李树华.河流廊道绿带宽度对温湿效益的影响[J].中国园林，2012，28（5）:109-112.

29. 纪鹏，朱春阳，李树华. 城市河道绿带宽度对空气温湿度的影响[J]. 植物生态学报,2013,37（1）:37-44.

30. 高玉福，李树华，朱春阳. 城市带状绿地林型与温湿效益的关系[J]. 中国园林，2012，28（1）: 94-97.

31. 朱春阳，李树华，李晓艳.城市带状绿地空气负离子水平及其影响因子研究[J].城市环境与城市生态，2012,25(2):34-37.

32. 朱春阳，李树华，李晓艳. 城市带状绿地综合评价指标研究.中国风景园林学会2011年会.中国江苏南京. 2011: 724-733.

33. 朱春阳，李树华，纪鹏，任斌斌，李晓艳. 城市带状绿地宽度与温湿效益的关系[J]. 生态学报，2011，31(2): 0383-0394.

34. 朱春阳，李树华，纪鹏. 城市带状绿地结构类型与温湿效应的关系[J]. 应用生态学报. 2011，22(5):1255-1260.

35. 朱春阳，李树华，纪鹏，高玉福. 城市带状绿地宽度对空气质量的影响[J]. 中国园林，2010，26 (12):20-24.

36. 朱春阳，纪鹏，李树华. 城市带状绿地结构类型对空气质量的影响[J].南京林业大学学报（自然科学版），2013,37(1):18-24.

37. Zhu C.Y., Li S H, Ren B.B., Effects of urban green belts on the temperature, humidity and inhibiting bacteria.都市における生物多様性とデザイン.2010.

38. 黄越，李树华.城市野生动物生境营造理论与实践[C]//快速城市化过程中的新城与建筑——2011全国博士生学术论坛（建筑.规划.风景园林）论文集.北京：中国建筑工业出版社，2012：286-290.

风景园林技术科学

1. 党安荣，张丹明，陈杨. 智慧景区的内涵与总体框架研究[J]. 中国园林，2011（9）: 15-21.

2. 党安荣，李公立，常少辉. 基于物联网的智慧颐和园文化遗产监测研究[R]. 北京：第七届中国智慧城市建设技术研讨会，2012.

3. 常少辉，李公立，黄天航.基于物联网的智慧颐和园信息基础设施方案[J].中国园林，2011(9): 22-25.

4. 彭霞，朱战强，张艳. 智慧黄山景区决策支持系统研究[J]. 中国园林，2011(9): 36-39.

附录B 清华大学风景园林学科 其他重要实践项目名录[1]

- 圆明园保护与修建规划研究
  规划时间：1978年
  参与人员：吴良镛、朱自煊、郑光中、徐莹光等

- 广东肇庆七星岩风景区总体规划
  规划时间：1983年
  参与人员：朱畅中、徐莹光、王蒙徽、孟伟康、李勇等

- 烟台牧云阁风景建筑规划
  设计时间：1983年
  设计人员：冯钟平

- 河南开封菊园方案设计
  设计时间：1984年
  设计人员：徐伯安

- 普陀山风景名胜区规划
  规划时间：1984年
  参与人员：周维权、郑光中、金柏苓、廖慧农、沈惠生、朱钧珍

- 北京什刹海历史文化旅游区规划
  规划时间：1984年~2004年
  顾问：吴良镛 等
  指导教师：朱自煊、郑光中、朱钧珍、黄常山
  参与人员：近十余届学生和研究生共几十人

- 保定市站前广场规划
  设计时间：1985年
  设计人员：郑光中、庄宁

---

1 此清单所列信息不包括本书前文介绍的实践项目，2003年以后的项目以景观学系教师参与的实践项目为主。

■北京白龙潭风景区规划

　　规划时间：1985年

　　参与人员：郑光中、胡宝哲等

■太原晋祠——天龙山风景名胜区规划

　　规划时间：1986年

　　指导教师：郑光中、庄宁

　　参与学生：林树丰、邱晓翔、刘尔明、李悦、宋朝斌

■山东龙口市市中心广场规划设计

　　设计时间：1986年

　　设计人员：郑光中、庄宁

■都江堰城市中心广场设计

　　设计时间：1990年

　　参与人员：郑光中、袁牧、邓卫等

■北京香山地区规划研究

　　规划时间：1991年

　　指导教师：朱自煊、郑光中

　　参与人员：学生

■南宁民族广场设计

　　设计时间：1991年

　　设计人员：孙凤岐

■海口美仁坡度假区规划

　　规划时间：1992年

　　指导教师：郑光中、杨锐

■海南三亚湾旅游度假区控制性详细规划

　　规划时间：1992年5月

　　指导教师：郑光中、庄宁

　　参与人员：陆卫东、陆毅、孙艳、吴庆华、袁牧、曹春、竞昕、骆小芳

■亚龙湾风景名胜区总体规划

　　规划时间：1993年3月

　　指导教师：郑光中、边兰春、杨锐

　　参与人员：刘伊宏、林尤干、莫力生、陈志杰、梁伟、朱纯航、徐扬、高桂生、梁坚、钟舸、韩林飞

　　协作人员：谢文惠、邓卫

■海南尖峰岭国家热带森林公园总体规划
　　规划时间：1993年
　　指导教师：郑光中、杨锐
　　参与人员：陈志杰、高桂生、刘杰、王鹏、魏德辉、黄伟华、金雷、谭诚、竞昕、王敏、欧阳伟、刘莹

■亚龙湾国家旅游度假区控制性详细规划
　　规划时间：1994年
　　指导教师：郑光中、边兰春、杨锐
　　参与人员：梁伟、朱纯航、徐扬、梁坚、韩林飞、刘杰、陈志杰、高桂生

■海南五指山百花岭风景名胜区总体规划
　　规划时间：1994年1月
　　指导教师：郑光中、杨锐
　　参与人员：莫力生、韩林飞、陈志杰、高桂生

■山东乳山银滩旅游度假区总体规划
　　规划时间：1994年3月
　　指导教师：郑光中、杨锐
　　参与学生：刘杰、金雷、魏德辉、黄伟华、王鹏

■山东乳山银滩旅游城总体规划
　　规划时间：1994年
　　指导教师：郑光中、杨锐
　　参与人员：刘杰、魏德辉、黄伟华、金雷、王鹏、陈志杰、钱根南、杨正茂

■三峡大坝坝区风景旅游总体规划
　　规划时间：1994年～1996年
　　指导教师：郑光中、杨锐
　　参与人员：张永刚、刘杰、王鹏、董珂、冯柯、卜冰、陈长青、何鑫、李本焕、何天澄

■三峡水利枢纽地区风景旅游可行性研究与总体规划
　　规划时间：1994年～1996年
　　指导教师：郑光中、杨锐、张敏
　　参与人员：张永刚、刘杰、王鹏、陈长青、何鑫、李本焕、何天澄、董珂、冯柯、卜冰

■宜昌市旅游发展规划
　　规划时间：1997年～1998年
　　参与人员：郑光中、杨锐、邓卫

■广东珠海圆明园新园设计
　　建成时间：1997年
　　设计人员：郭黛姮、吕舟、廖慧农、马利东

228

■漯河市沙澧河风景游览区规划设计

　　设计时间：1998年2月

　　指导教师：郑光中、李钰年、邓卫

　　参与学生：王钊斌、张晓光、黄鹤、赵竞放、金力

■内蒙古自治区满洲里市呼伦湖旅游渡假区详细规划

　　规划时间：1998年8月

　　指导教师：郑光中、张敏

　　参与学生：王彬汕、张俊刚、霍晓卫、郜立东

■深圳市海上田园风光旅游区规划设计

　　设计时间：1998年10月

　　指导教师：郑光中、张敏、袁牧

　　参与学生：王彬汕、曹宇钧、赵竞放、恽爽、徐扬、王晓欧

■内蒙古自治区岱海旅游度假区详细规划及中水塘温泉度假区详细规划

　　规划时间：1999年4月

　　指导教师：郑光中、张敏

　　参与学生：王彬汕、范嗣斌、宋扬、熊杰

■圆明园保护规划

　　规划时间：2000年

　　参与人员：郭黛姮　等

■神农架燕天生态旅游区规划

　　规划时间：2000年

　　参与人员：郑光中、邓卫、杨锐、李渤生　等

■泰山风景名胜区总体规划及岱顶景区详细规划

　　规划时间：2000年1月

　　指导教师：郑光中、杨锐、邓卫、袁牧

　　参与人员：王彬汕、赵竞放、宋扬、李守旭、白杨、朱全成、张清华、庄优波、姜谷鹏、汪震铭

■镜泊湖国家重点风景名胜区总体规划（2000-2001）

　　规划时间：2000年9月~2001年12月

　　参与人员：赵炳时、于学文、杨锐、谭纵波、党安荣、庄优波、韩昊英、史慧珍、张清华、杨地、潘芳、于伟、
　　　　　　　刘剑锋、李莉、王旭

■都江堰市外江滨水地区详细规划

　　规划时间：2001年12月

　　指导教师：郑光中、袁牧

　　参与人员：刘杰、张清华、刑国煦、吉海滨、李守旭

■泰山天外村景区修建性详细规划

　　规划时间：2002年

　　参与人员：郑光中、袁牧、杨锐、叶凯、刘杰、王彬汕、赵竞放、杜国武

■丽江茶马公园详细规划

　　规划时间：2002年1月

　　指导教师：郑光中、袁牧

　　参与人员：张清华、王晓欧、曹宇钧、吉海滨、刑国煦

■嵩山少林寺景区详细规划

　　规划时间：2002年4月

　　指导教师：郑光中、杨锐

　　参与人员：张清华、江权、罗婷婷、崔宝义、吉海滨、袁南果、张荣、杨海明

■西藏自治区旅游发展总体规划（2005-2020）

　　规划时间：2003~2006年

　　参与人员：尹稚、郑光中、袁牧、李渤生、王兴斌等

■铁岭市凡河新区莲花湖国家湿地公园核心区风景园林设计

　　建成时间：2007年

　　参与人员：胡洁、吕璐珊、韩毅、佟庆远等

■济南大明湖风景名胜区整治改造规划设计

　　设计时间：2007年4月~2007年12月

　　设计人员：张杰、霍晓卫、姜滢、徐碧颖、卢刘颖等

■北京市中山公园总体规划

　　规划时间：2007年6月~2010年5月

　　参与人员：杨锐、庄优波、邬东璠、赵智聪、胡一可、王应临、史舒琳、沈雪、吕琪、张思元

■铁岭新城核心区景观规划设计

　　建成时间：2008年

　　设计人员：胡洁、韩毅等

■成都市龙泉山旅游区总体规划

　　规划时间：2008年7月~2009年11月

　　参与人员：杨锐、刘海龙、邓冰、邬东璠、王劲韬、陈英瑾、薛飞、王川、王应临、孔松岩

■五大连池申报自然遗产的文本编制和提名地保护管理规划

　　规划时间：2009年8月~2011年6月

　　参与人员：杨锐、庄优波、林广思、赵智聪、张振威、王应临、季婉婧、沈雪、胡一可、许庭云

■五大连池国际低碳生态旅游示范镇概念性规划

  规划时间：2009年11月~2010年2月

  参与人员：杨锐、邬东璠、刘海龙、林广思、林波荣、张振威、王应临、刘加根、季婉婧、沈雪、庄永文、余琼

■五大连池旅游镇总体规划及控制性详细规划

  规划时间：2010年2月~2010年9月

  参与人员：杨锐、邬东璠、刘海龙、林广思、林波荣、张振威、王应临、刘加根、季婉婧、沈雪、庄永文、余琼

■五大连池旅游镇农场新区总体规划及控制性详细规划

  规划时间：2010年7月~2010年10月

  参与人员：杨锐、邬东璠、刘海龙、林广思、张振威、于洋、徐点点、彭飞

■五大连池旅游镇城市设计

  设计时间：2010年10月至今

  设计人员：杨锐、邬东璠、于洋、彭飞、许晓青

■天坛外坛环境整治修建性详细规划及可行性研究

  规划时间：2009年11月至今

  参与人员：杨锐、邬东璠、王川、徐点点、彭飞、于洋

■宁夏贺兰塞上风情园风景园林规划设计

  建成时间：2009年

  设计人员：胡洁、吴宜夏、吕璐珊、安友丰、郭峥等

■唐山丰南西城区景观规划设计

  建成时间：2010年

  设计人员：胡洁、安友丰、吕璐珊、吴宜夏、沈丹等

■大连旅顺临港新城核心区园林规划

  建成时间：2010年

  设计人员：胡洁、潘芙蓉等

■阜新玉龙新城段核心区风景园林规划设计

  建成时间：2010年

  设计人员：胡洁、马娱、卢碧涵、邹裕波、David Clough、Bruno Pelucca等

■鄂尔多斯青铜器广场设计

  建成时间：2010年

  设计人员：胡洁、吴宜夏、吕璐珊、韩毅等

■鄂尔多斯诃额伦母亲公园设计

  建成时间：2010年

  设计人员：胡洁、吕璐珊、韩毅等

■武汉东湖风景名胜区概念性总体规划

设计时间：2007~2008年

设计人员：杨锐、庄优波、邬东璠、王劲涛、胡一可、赵智聪、吕琪、张思元、尹希达、蒙宇婧

■青海坎布拉旅游目的地概念性总体规划

设计时间：2007~2008年

设计人员：杨锐、庄优波、周景峰、刘岠、赵智聪、胡一可、阎克愚、牛牧菁

■华山申报自然文化遗产的文本编制和提名地保护管理规划前期研究工作

规划时间：2008~2009年

参与人员：杨锐、邬东璠、庄优波、赵智聪、胡一可、吕琪、张思元、王应临、程冠华、蒙宇婧

■重庆龙湖睿城居住区景观规划设计

建成时间：2009年12月

设计人员：朱育帆、姚玉君、齐羚、田莹、汪丹青、贾晶、曹然、杨展展、唐健人、孙天正、梁尚宇、候芳、魏方

■威尼斯双年展"流水印"

展出时间：2010年9月~11月

设计人员：朱育帆、田莹、包瑞卿、孟凡玉、杨展展、杨觅

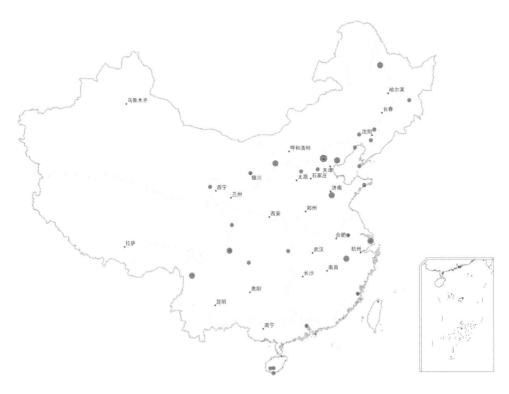

清华大学风景园林学科部分重要实践项目分布图

■辽宁省辽阳衍秀公园景观设计

　　建成时间：2012年

　　设计人员：胡洁、安友丰、吕璐珊等

■上海国际贸易中心室外环境设计

　　建成时间：2012年

　　设计人员：朱育帆、姚玉君、王丹、齐羚、严志国、孟凡玉、柳文傲、翟薇薇、董顺芳、崔师尧、常玉琳、

　　　　　　　吕回、杨希

■北京未来科技城整体绿化系统及滨水森林公园景观规划设计

　　建成时间：2013年

　　设计人员：胡洁、吕璐珊、王晓阳、马娱、崔亚楠等

■北京西山创意产业基地景观设计

　　建成时间：2013年

　　设计人员：朱育帆、姚玉君、杨展展、田莹、孟瑶、龚沁春、魏方、崔庆伟、胡浩等

图书在版编目（CIP）数据

融通合治——清华大学风景园林学术成果集（1951·2003·2013）/
（清华大学建筑学院景观学系十周年纪念丛书）

清华大学建筑学院景观学系主编.
—北京:中国建筑工业出版社, 2013.9
ISBN 978-7-112-15928-4

Ⅰ.①融… Ⅱ.①清… Ⅲ.①清华大学—景观学—研究成果 Ⅳ.①P901-4

中国版本图书馆CIP数据核字（2013）第228909号

责任编辑：徐晓飞　张　明

清华大学建筑学院景观学系十周年纪念丛书

融通合治——清华大学风景园林学术成果集（1951·2003·2013）
清华大学建筑学院景观学系　主编

＊

中国建筑工业出版社出版、发行（北京西郊百万庄）
各地新华书店、建筑书店经销
北京雅昌彩色印刷有限公司制版
北京雅昌彩色印刷有限公司印刷

＊

开本：787×1092毫米　1/16　印张：14 $\frac{3}{4}$　字数：300千字
2013年9月第一版　2013年9月第一次印刷
定价：**180.00元**
ISBN 978-7-112-15928-4
（24718）